Ernten machen Geschichte

Über den Autor:

Hans-Hermann Cramer, geboren am 15. Oktober 1927 in Breslau, besuchte in Breslau das humanistische Gymnasium. Nach Kriegsdienst, schwerer Verwundung und Gefangenschaft studierte er Forstwissenschaften und zusätzlich Biologie. 1952 Promotion mit einem forstökologischen Thema, 1962 Habilitation mit einer kritischen Arbeit über das so genannte „Biologische Gleichgewicht". Verschiedene Tätigkeiten im forstlichen Versuchswesen und an der Universität Freiburg/Br. 1963 Forschungsstipendiat in den USA. Eintritt in den Sektor Landwirtschaft der Bayer AG, Leverkusen, 1964. Dort verantwortlich für das Arbeitsgebiet „Grundsatzfragen" (Ökologie, Agrarpolitik, Ernährungspolitik). 1967 Buchveröffentlichung „Pflanzenschutz und Welternte" (auch englisch, französisch, spanisch), 1984 „Waldschadensproblematik". Zahlreiche Einzelveröffentlichungen und wissenschaftliche Auszeichnungen. Verstorben am 27. Dezember 2007 in Köln.

Titel: Das Tonrelief der römischen Getreidegöttin Ceres aus dem 1. Jahrhundert nach Christus zeigt sie mit ihren Attributen: Den Gerstenähren und den Schlangen. Diese weisen darauf, dass sie, wie die Erinyen, Rachegewalt hatte und Erntefrevler bestrafte.

Impressum

AgroConcept GmbH
Clemens-August-Str. 12–14, 53115 Bonn

1. Auflage © AgroConcept GmbH, Bonn 2007
2. Auflage © AgroConcept GmbH, Bonn 2012

Autor:

Dr. Hans-Hermann Cramer †

Gestaltung, Konzeption und Layout:
AgroConcept GmbH, Bonn

ISBN-Nr.: 978-3-9814549-1-8

Ernten machen Geschichte

Hans-Hermann Cramer †

Vorwort

Die Geschichte der Menschen ist von Beginn an eng mit deren Fähigkeit verbunden, Nahrungsmittel zu gewinnen und ist deshalb untrennbar mit der Agrargeschichte verknüpft. Diese Wechselwirkung erstreckt sich bis in die Gegenwart hinein. Dennoch spielt dieser Aspekt in unserem Bildungsbewusstsein eine eher untergeordnete Rolle.

Dr. Hans-Hermann Cramer hat in einem langen Berufsleben Material und Kenntnisse zu diesem Thema gesammelt und ein intensives Quellenstudium betrieben, das er in zahlreichen Publikationen und Vorträgen vermittelt hat. Er darf im deutschsprachigen Raum als einer der besten Kenner dieser Zusammenhänge gelten.

Ich habe deshalb zusammen mit anderen Fachkollegen seit vielen Jahren darauf gedrungen, dass er sein Wissen über die Zusammenhänge zwischen Ernten, Missernten und historischen sowie kulturhistorischen Entwicklungen in Buchform darstellen und damit, auch im Sinne von „Öffentlicher Wissenschaft“, einem breiteren Publikum vorstellen solle.

Er hat sich sehr lange dagegen gesträubt, weil er meinte, das Thema sei unausschöpfbar, von ihm nur unvollständig zu behandeln und überschreite seine Kompetenz. Allenfalls könne man ein solches Buch als eine Anfrage an die Geschichtswissenschaft verstehen, ob das jeweilige Erntepotential als historisch bewegende Kraft bislang ausreichend bewertet worden ist.

Als wir den Autor schließlich überredet hatten, hat er mir im Gespräch mehrfach gesagt, er schreibe das Buch nur unter drei Prämissen: „1. Was ich schreibe, muss stimmen. – 2. Es muss interessant sein. – 3. Es muss lesbar sein.“

Ich freue mich, dass es gelungen ist, Dr. Hans-Hermann Cramer zu einer zusammenhängenden Präsentation seines Wissens motiviert zu haben.

Prof. Dr. Joseph-Alexander Verreet
Christian-Albrechts-Universität Kiel
Institut für Phytopathologie

Anfragen an die Historiker

Dies ist der Versuch einer Annäherung. Ein Fachwissenschaftler, der den geschichtlichen Wurzeln seines Metiers nachgeht, stellt gelegentlich verblüfft fest, dass das aus seinem allgemeinen Bildungsgut stammende Geschichtsbild oft nur unbefriedigende Erklärungen für eigentlich rätselhaft gebliebene Abläufe liefert. Offenbar waren es nicht immer nur Machtpolitik, feudalistische Ambitionen, ideologische, missionarische oder soziologische Antriebe, die zu Veränderungen des Bestehenden geführt haben. Vielmehr war nackte Not, die agrarökologische Ursachen hatte, waren rückläufige Ernteergebnisse, die Häufung von Missernten und die Unfähigkeit, wachsende Bevölkerungen auf überkommene Weise satt zu machen, wohl sehr häufig der Grund für manche Entwicklungen, die die Weltgeschichte und die Kulturgeschichte gesteuert haben.

Man muss nur einige Fragen stellen, um zu zeigen, worum es geht: Die Völkerwanderungen, die das Ende der Antike in Europa mit eingeläutet haben, sind gewiss nicht dadurch in Bewegung gesetzt worden, dass es den germanischen Stämmen im Norden nicht mehr gefiel und sie von einer Mittelmeersehnsucht ergriffen wurden. Die nacheiszeitlichen, armen Böden, dazu noch in einer recht primitiven Wald/Feldwirtschaft mehr genutzt als bearbeitet, lieferten keine auskömmlichen Erträge mehr. Solche Entwicklungen verlaufen langfristig. Erst extreme Pendelausschläge, wie eine Serie von Missernten, können zum Auslöser für den Entschluss werden, die angestammten Siedlungsgebiete zu verlassen. Es fällt auf, dass sich der Aufbruch der West- und Ostgermanen aus dem Norden auf einen historisch relativ begrenzten Zeitraum von vielleicht 200 Jahren zwischen dem vierten und sechsten Jahrhundert konzentriert. Welche konkreten Ereignisse haben das bewirkt?

Ein außereuropäisches Ereignis bietet die Kultur der Mayas. Sie bleibt in wesentlichen Zügen rätselhaft. Die städtische Hochzivilisation dieses mittelamerikanischen Volkes bedingte eine ausreichende Nahrungsversorgung aus dem Umland. Grundnahrungsmittel war der Mais. Nur: Erstaunlicherweise haben die Mayas, die über einen hohen Wissensstand in der Astronomie, der Mathematik und der Baukunst verfügten, weder das Rad noch Zugtiere gekannt. Wohl war die Adaption des Mais als Kulturpflanze bahnbrechend. Aber man konnte agrikulturell nicht mit ihm umgehen. Es gab keinen Pflug, ja, überhaupt kein Werkzeug für die Bodenbearbeitung. Die Anbaumethode bestand darin, mit dem im Feuer gehärteten Grabstock Pflanzlöcher in den Boden zu treiben, ein paar Maiskörner hineinzuwerfen und die Saatstelle zuzutreten. Jahr für Jahr, ohne Fruchtfolge. Das war eine extensive Monokultur, die vielleicht sogar die Böden nicht allzu sehr überfordert hat. Aber es gibt Untersuchungen darüber, dass sich bodenbewohnende Fadenwürmer, Nematoden, auf die ihnen ständig angebotene Wirtspflanze spezia-

Abb. links: Ruinen aus der Maya-Metropole Tikal in Yucatan.
Wahrscheinlich ist die Hochkultur der Mayas einer Agrarkrise zum Opfer gefallen.

lisiert und die ohnehin marginalen Erträge drastisch vermindert haben. Das entzog den Stadtkulturen ihre Nahrungsbasis. Man versuchte durch Brandrodung die verbrauchten Flächen zu ersetzen und weiter in den Dschungel vorzudringen, aber das bedeutete eine ständig größer werdende Distanz zu den Städten und schließlich auch nur einen Aufschub. Die Hochkultur der Mayas wird auf die Zeit um 800 n.Chr. datiert, sie verlagerte sich räumlich immer wieder und erlebte um 1.000 n.Chr. in Yucatan noch eine zweite Blüte, um dann wiederum einen Verfall zu erleben. Die Mayas wurden zunehmend von den Azteken verdrängt, und es bedurfte nicht mehr der spanischen Konquistadoren, um ihnen den Todesstoß zu geben. Auch hier stellt sich also die Frage nach dem Zusammenhang von Geschichtsabläufen und Missernten. Folgt man diesem Ansatz, so stellt sich von selbst eine Reihe von Fragen. Wovon oder wodurch waren wohl die sogenannten „Hunnen"- oder „Mongolenstürme" in den Heimatgebieten dieser Völker motiviert? Diese „Reiterhorden", die in Wahrheit wohlgeordnete Armeen waren, müssen Gründe gehabt haben, die tiefer lagen als reine Eroberungsgelüste. Waren es Schwierigkeiten bezüglich der Nahrungsbasis in ihren Ursprungsregionen?

Aber auch in der gut dokumentierten europäischen Geschichte bleiben Fragen offen: Die seefahrenden, Handel treibenden alten Griechen haben nach und nach rund um das Mittelmeer und am Schwarzen Meer Siedlungen gegründet. Sie dienten ohne Zweifel der Sicherung der Handelswege, waren Anlaufstellen und Umschlagplätze für die Schiffe und befanden sich deshalb stets an den Küsten. Daraus entwickelten sich zum Teil blühende Gemeinwesen, die mit Nahrungsgütern versorgt werden mussten. Es waren griechische Bauern oder Bauernsöhne, die das umliegende Land in Besitz nahmen und bewirtschafteten. Haben sie ihre angestammte Heimat verlassen, weil dort die Landausstattung nicht mehr ausreichte oder weil die Ernteergebnisse nicht mehr genügten? Vermutlich gab es eine Mischung aus verschiedenen Motivationen. Aber es bleiben Fragen.

Die Sicherung stabiler Ernten ist umgekehrt immer eine wesentliche Voraussetzung für machtpolitische Operationen gewesen. So hängt die staunenswerte Stabilität des römischen Imperiums ganz zweifellos auch mit der hoch entwickelten Agrarstruktur und der damit gewährleisteten inneren Sicherheit des Reiches zusammen. Davon wird noch die Rede sein. Gewiss gibt es viele Detailuntersuchungen, die sich schwerpunktmäßig mit derlei Fragen befassen. Aber das allgemeine Geschichtsbewusstsein ist doch anhaltend von machtpolitischen, zunehmend auch soziopolitischen und ökonomischen Aspekten bestimmt.

Von dem durch nationales und machtpolitisches Engagement stark geprägten deutschen Historiker Heinrich von Treitschke (1834–1896) stammt der Satz: *„Männer machen Geschichte."* Abgesehen davon, dass nicht nur Männer, sondern auch Frauen eine bedeutende Rolle in der Geschichte gespielt haben, hat Treitschke übersehen, dass das Auf und Ab der Ernten, dass Mangel und Überfluss, Hunger und die Suche nach Wegen zu seiner Überwindung geschichtliche Abläufe bewirkt haben. Deshalb gilt auch: Ernten machen Geschichte.

BEATI
ALBERTI
MAGNI,

RATISBONENSIS EPISCOPI,
ORDINIS PRÆDICATORVM,
OPERA
QVÆ HACTENVS HABERI POTVERVNT,
SVB

R^mis PP. FF. { THOMA TVRCO. / NICOLAO RODVLPHIO. / IOAN. BAPTISTA DE MARINIS, } Eiusdem Ord. Magistris Generalibus,

IN LVCEM EDITA,

Studio & labore R. A. P. F. PETRI IAMMY, sacræ Theologiæ Doctoris, Conuentus Gratianopolitani, eiusdem Ordinis.

TOMVS PRIMVS.

LVGDVNI,

Sumptibus { CLAVDII PROST. / PETRI & CLAVDII RIGAVD, Frat. / HIERONYMI DE LA GARDE, / IOAN. ANT. HVGVETAN. Filij. } *Via Mercatoria.*

M. DC. LI.

CVM PRIVILEGIO REGIS.

Es de el Collegio de Carm. descalzos de Logroño.

Albertus Magnus hat das Wissen des Biblischen Altertums, der Antike und des Mittelalters integriert und das neuzeitliche naturwissenschaftliche Denken teilweise vorweggenommen.

Uraltes Phänomen und frühe Deutungen

„Ich schlug euch mit Brand, Mehltau und Hagel" – Das biblische Altertum

Die Bibel ist eine schier unerschöpfliche agrarhistorische Quelle. Beginnt sie doch an der Nahtstelle zwischen Nomadentum und beginnender bäuerlicher Landwirtschaft und endet im Neuen Testament bei hochentwickelten Ackerbau- und Spezialkulturen. Abel war ein Hirte und Kain ein Ackersmann. Es ist gewiss kein Zufall, dass die Genesis (4,2) dies ausdrücklich erwähnt. Denn Beweidung und der Anbau von Feldfrüchten vertrugen sich auf engem Raum nicht miteinander. Ein Bauer konnte nicht dulden, dass Schaf- und Ziegenherden seine Felder abfraßen. Das Herkömmliche musste dem Fortschritt weichen, und so hat denn Kain den Abel, auch kulturgeschichtlich gesehen, erschlagen, obwohl doch deren Vater, Adam, nach der Vertreibung aus dem Paradies, schon die Feldbewirtschaftung zugewiesen worden war, mit all ihrer Mühsal. Denn „im Schweiße deines Angesichtes sollst du dein Brot essen. Verflucht sei der Acker um deinetwillen, mit Kummer sollst du dich darauf nähren dein Leben lang; Dornen und Disteln soll er dir tragen". Damit waren die Missernten programmiert. Viel konkreter wird das in den Geschichten von Jakob und seinen Söhnen, mit der herausragenden Gestalt des Josef. Jakobs sozusagen zweifacher Schwiegervater, Laban, war zwar kein „Ackersmann", sondern ein sesshafter, recht feudaler Herdenbesitzer. Eigentlich könnte Jakob als Begründer der Tierzüchtung gelten, denn die fabelhafte Geschichte, wie er durch einen Trick die Mitgift, die ihm für Lea und Rahel versprochen war, vergrößert hat, verdient schon einen Platz in den Annalen der Genetik. Er sollte nämlich alle gescheckten Tiere erhalten. So hat er fleißig einfarbige Tiere mit solchen anderer Couleur gekreuzt und erhielt natürlich in der nächsten Generation lauter bunte Lämmer. Vielleicht hat Gregor Mendel, der als Benediktinerpater die Genesis ja genau kannte, daran angeknüpft, als er seine Versuche, die zum Fundament der Vererbungslehre geworden sind, begann. Mehr mit der Geschichte von Missernten hat eher Jakobs Sohn Josef zu tun. Er hat in Ägypten Jahre des Ertragsüberschusses und von Missernten in der Getreideproduktion in kluger Weise durch Einlagerung überbrückt. So hat er die „sieben mageren Jahre" durch die Vorräte der „sieben fetten Jahre" ausgleichen können (Genesis 41). Hungersnot und „Teuerung" sind ja immer identisch, die beiden Begriffe werden geradezu austauschbar benutzt. So auch hier. Es herrschte „Teuerung in allen Landen", auch in Ägypten selbst. Josef gab, rationiert, Getreide aus seinen Kornhäusern aus und verkaufte es zu Gunsten des Staatshaushaltes, offenbar übrigens zu marktgerechten, d.h. gepfefferten Preisen. Thomas Mann hat das in „Joseph und seine Brüder" meisterlich beschrieben.

Abb. links: Eine der ersten durch Holzschnitte illustrierten lateinischen „Vulgata"-Bibeln (Venetiis, apud Juntas, 1627) zeigt das Gleichnis vom Sämann (Matth. XIII) (o.), und vom „bösen Feind", dem Teufel (u.), der Unkrautsamen auf den Acker streut.

Über die Ursachen der sieben mageren Jahre der Missernten erzählt die Bibel nichts. Man kann aber ziemlich sicher annehmen, dass es sich um eine Dürreperiode gehandelt hat. Dafür spricht die Großräumigkeit der Ernteausfälle, die sich ja zumindest auch auf das Land Kanaan erstreckt haben müssen, von wo die Brüder Josefs aufbrachen, um in Ägypten Getreide zu kaufen. Damit begann der mehrere Jahrhunderte andauernde Aufenthalt des Volkes Israel in diesem Lande, an dessen Anfang also eine Erntekatastrophe gestanden hatte. Und mit katastrophalen Ereignissen ging er auch zu Ende. Denn mindestens drei der zehn ägyptischen Plagen, die dem Exodus (7.–10. Kapitel) vorausgingen, führten zur Vernichtung der Ernten. Die siebente Plage war der Hagel, die vierte Plage „Ungeziefer" und die achte Plage waren Heuschrecken. Die Heuschreckeneinfälle sind so aufschlussreich, dass sie gesondert behandelt werden müssen. Worum es sich beim „Ungeziefer" gehandelt haben mag, ist schwer auszumachen. Man muss bedenken, dass Missernten als Gottesstrafe begriffen wurden, so dass eine genauere Beschreibung der Organismen, die sozusagen das Instrument dieses Gerichtes waren, zweitrangig war.

Je mehr wir uns dem Zeitalter der Geschichtsschreibung nähern, desto präziser werden die Angaben. Der Prophet Haggai ist schon recht exakt datierbar. Er lebte in der Zeit nach dem Ende der babylonischen Gefangenschaft und dem Beginn des Tempelbaus, das ist etwa 520 v.Chr.. Und er berichtet (Kapitel 2, 16–18) wohl das erste Mal von Infektionskrankheiten der Kulturpflanzen. Ja, er macht auch gleich quantitative Angaben über Verlustprozente: „*Man kam zu einem Getreidehaufen von zwanzig Scheffel, und es gab nur zehn Scheffel, man ging zur Kelter, um fünfzig Maß zu schöpfen, und es gab nur zwanzig Maß. Ich schlug mit Getreidebrand, Gilbe und Hagel die Arbeit eurer Hände, aber ihr kehret euch nicht zu mir.*" So die Lutherübersetzung. Andere Übertragungen sagen „Brand, Mehltau und Hagel." Die Angabe besagt, dass ein fünfzigprozentiger Verlust der Getreideernte und von sechzig Prozent im Weinbau eingetreten ist. Wir haben es also hier schon mit hochentwickelten landwirtschaftlichen Kulturen zu tun. Diese Ausdifferenzierung, aber auch ihr bestimmender Einfluss auf das menschliche Zusammenleben, wird zunehmend deutlich. Immer häufiger taucht der Olivenbaum als Quelle einer hochwertigen Nahrungskomponente auf, aber das Öl diente auch als Brennstoff für die Lampen. Und wenn es knapp oder teuer wurde, so dass die Witwe von Zarpath oder Sareptah nur noch einen Rest in ihrem Krüglein hatte, aus dem sie Elias versorgte, bedurfte es eines Wunders. Das Olivenöl spielt auch im Neuen Testament eine besondere Rolle. Sich das Haar oder die Füße einzuölen oder einölen zu lassen, gehörte zur gehobenen Lebensart. Verehrten Personen die Füße zu ölen, war ein besonderes Zeichen der Hinneigung oder Devotion. Dass man auch mit diesem Produkt, dem Olivenöl, wegen seines Wertes kalkuliert umgehen musste, belegt das Gleichnis von den klugen und den törichten Jungfrauen, das kunstgeschichtlich so vielfältig ausgeformt worden ist; auch deswegen, weil die „Törichten“ immer viel interessanter sind als die „Tugendhaften“.

Doch ist dies nur eines von vielen Beispielen für die vielen Gleichnisse, die die Agrarsituation in der Zeit um Christi Geburt widerspiegeln: Getreide-, Wein- und Olivenbau, gute und schlechte Ernten, die Konkurrenz der Unkräuter mit den Feldfrüchten, Pachtverträge, Entlohnung von Landarbeitern und der Umgang von Gutsherren mit ihren angestellten Verwaltern waren für die Menschen dieser Zeit die nächstliegenden Themen. Darauf beruht die Plausibilität der Gleichnisse Jesu für das Volk und der Widerhall, den sie fanden. Insofern sind die Befunde der Bibel, die sich alle auf die Lebenssituation der Menschen beziehen, in mancher Hinsicht aufschlussreicher als die streckenweise zeitlich parallel laufende Literatur der griechisch-römischen Antike, die viel rationaler ist.

Philosophie, Sinneswahrnehmung, Pragmatisums – Die klassische Antike

Im alten Griechenland gab es auf Missernten beruhende Hungersnöte offenbar nicht, jedenfalls bestimmt nicht solche, die geschichtsprägend geworden wären. Zur homerischen Zeit (etwa 8. Jahrhundert v.Chr.) gab es bereits eine hochentwickelte Landwirtschaft, der Pflug war bekannt und das Joch des Ochsen spielt in der Dichtung eine Rolle. Gewiss gab es Ernteschäden, was dadurch zu belegen ist, dass – viel später – Aristoteles und sein Schüler Theophrast sich detaillierte Gedanken über Erkrankungen von Nutzpflanzen machten und Beobachtungen am Objekt aufgezeichnet haben. Aber sie berichten nicht, dass solche Erscheinungen Engpässe in der Nahrungsversorgung verursacht hätten. Das mag damit zusammenhängen, dass die seefahrenden Stadtstaaten die damals schier unausschöpfliche Nahrungsquelle des Mittelmeers nutzen konnten, dass es ferner keine stehenden Heere gab, für deren regelmäßige Verpflegung gesorgt werden musste und dass der Handel, nicht so sehr die Urproduktion, Grundlage des Wohlstands war. Allerdings muss man sich fragen, wie die Kolonisation der Mittelmeerküste durch die Griechen verlaufen ist und welcher Ursachenkomplex die Besiedlung ausgelöst hat (vgl. S. 11).

Das kausalanalytische Denken, das geistige Kennzeichen des alten Griechenland, nahm sich mehr und mehr auch naturwissenschaftlicher Themen an. Spätestens Aristoteles (*384 v.Chr.) und sein Schüler Theophrast (372–285 v.Chr.) haben eine Fülle botanischer, zoologischer und mineralogischer Beobachtungen und Betrachtungen vorgestellt, die über mehr als ein Jahrtausend tonangebend blieben. Die Autorität des Aristoteles war so überwältigend, dass auch seine Fehldeutungen und Irrtümer zählebig blieben. Freilich bleiben auch sie interessant genug. So, wenn in der „Transmutationslehre" gesagt wird, einige Pflanzen könnten sich in andere Arten verwandeln, besonders unter ungünstigen Einflüssen. So könnten sich Weizen und Flachs, wo sie nicht gedeihen, in „Taumelkraut" verwandeln. Des Rätsels Lösung: Bei lückigem Weizen- oder Flachsbestand auf dem Acker wuchert das Unkraut, darunter *Lolium temulentum*, der „Taumellolch". Der heißt so, weil Alkaloide in dessen Samen, wenn sie ins Brot gelangen, beim Konsumenten Gleichgewichtsstörungen verursachen können. Offenbar ist also das Unkraut in schlecht wachsenden Getreidebeständen in eine ökologische Nische vorgestoßen, was dann als Transmutation gedeutet wurde. Andere Aufzeichnungen des Aristoteles sind hingegen verblüffend aktuell: Von See her kommende Winde seien für das Getreide günstig, während Landwinde zur „Fäulnis" führten.

Abb. links: Grabmal des Poblicius, eines ausgedienten römischen Centurio, der wahrscheinlich ein Landgut zur Versorgung der römischen Legionen bewirtschaftete (Köln, Römisch-Germanisches Museum)

Das deckt sich völlig mit neueren, experimentell belegten Befunden. In Schleswig-Holstein nimmt der Befall des Getreides mit Pilzkrankheiten von der Westküste zum Binnenland hin messbar zu, da die übertragenden Sporen eben nicht mit Meereswinden herangetragen werden, sondern aus weiter binnenländischen Getreidebeständen stammen. Theophrast hat scharf beobachtet. Seine Beiträge zu den Getreiderosten sind noch heute lesenswert. Die Gerste, sagt er, namentlich die „achilleische", sei besonders gefährdet, aber auch der Standort spiele eine wichtige Rolle. So seien hoch gelegene und windexponierte Felder weniger stark befallen als solche in den Niederungen. Nach unten geneigte Ähren litten weniger unter der Krankheit, weil an ihnen das Wasser ablaufe, während sich in senkrecht stehenden Ähren der Tau und alle Feuchtigkeit sammle, und wenn es dazu noch warm werde, dann sei die Anfälligkeit groß. Modern ausgedrückt heißt das: Hohe Luftfeuchtigkeit oder Nässe begünstigen unter Wärmeeinfluss die Sporenkeimung und das Pilzwachstum und fördern damit Rostepidemien. Pflanzenkrankheiten und Ernteverluste waren also durchaus ein Thema, mit dem man sich im antiken Griechenland beschäftigte. Aber es scheint keine existenzielle Bedeutung gehabt zu haben. Die damit zusammenhängenden Fragen waren für kluge Köpfe wichtiger als für hungrige Mägen.

Für die Römer war dagegen der Pflanzenbau eine unabdingbare Voraussetzung für das Funktionieren ihrer Staatskonstruktion. Die beruhte auf einer vorzüglichen Verwaltung, auf einem mächtigen, durchorganisierten, stehenden Heer und auf einer Agrarpolitik und Agrarwirtschaft, die möglichst krisenfest gehalten werden musste; alles auf der Grundlage einer großen Rechtssicherheit. Denn die Truppen, die zunehmend in den Städten konzentrierte Bevölkerung, das Heer der Beamten – alles das bedurfte der Lebensmittelversorgung durch Überschüsse, die auf dem Lande über den Eigenbedarf hinaus erwirtschaftet wurden. Nur so konnte auch „Kultur" aufblühen. Das lateinische Verb „*colere*" (Für Lateiner: *colo, colui, cultus*) bedeutete ursprünglich „das Land bebauen". Das hat sich im Sprachgebrauch auch bei uns bis heute erhalten. Wir sprechen beispielsweise von Kulturpflanzen, Obstkulturen oder der Kultivierung von Ödland. Aber „Kultur" in der geistig-musischen und zivilisatorischen Bedeutung des Wortes konnte in diesem Sinne erst entstehen, nachdem eine sesshafte, effektive Landwirtschaft arbeitsteilig die Grundversorgung lieferte. Dann konnte man auch Siedlungen *(Coloniae)* gründen und eben eine städtische Kultur entfalten. Es ist interessant, dass die Sprachbedeutung des deutschen Wortes „bauen" die gleiche Entwicklung durchlaufen hat. Das „Deutsche Wörterbuch" von Jakob und Wilhelm Grimm, das bis heute fortgeführte und maßgebliche Werk für die deutsche Sprachgeschichte, legt unter dem Stichwort „Bauen" dar, es habe ursprünglich ausschließlich die Landbebauung bezeichnet. Das lebt in Wörtern wie z.B. „Bauer", „Landbau", „Ackerbau" oder „Weizenbau" fort. Das Bauen von Häusern, Dörfern oder Städten leitet sich erst später daraus ab, genau wie im Lateinischen.

In Rom hatte die relative Friedensperiode, die mit Kaiser Augustus einsetzte, die „Pax Augusta", ihre Basis auch in einer Agrarpolitik, die sich nur auf der Basis des kenntnisreichen römischen Bauerntums, vor allem aber auch der Sklavenhaltung, verwirklichen ließ. Um Sklaven zu rekrutieren, brauchte man Eroberungen. Um das wachsende Rom zu versorgen, brauchte man Kornkammern. Sie ließen sich vor allem in Nordafrika erschließen. Hier ergaben sich Wechselwirkungen zwischen den imperialen Bestrebungen und der Notwendigkeit, Ressourcen zu sichern. So musste der Mittelmeerraum Rom und Italien mit Agrarprodukten beliefern, während die Provinzen zumindest sich selbst und die Garnisonen zu versorgen hatten. Das geschah unter anderem dadurch, dass man ausgemusterte und verdiente Soldaten als Bauern ansiedelte, Offiziere wurden zu Gutsbesitzern. Das eindrucksvolle Grabmal des Poblicius im Kölner Römisch-Germanischen Museum belegt das (Abb. S.20). Natürlich hätte ein Centurio, der er war, also Hauptmannsrang hatte, von seinem Wehrsold ein solches Monument nicht finanzieren können. Vielmehr hat es sich um einen Menschen gehandelt, der als Gutsbesitzer den militärischen Titel weiter benutzte, etwa wie die Gestalten bei Fontane, die sich bis an ihr Lebensende „Herr Rittmeister" oder „Herr Major" nennen ließen. Die Konstruktion war hervorragend: Diese Agrarier hatten eine Absatzgarantie durch Verträge mit den Legionslagern, für die sie allerdings auch eine Lieferverpflichtung übernehmen mussten. Das heißt: Sie mussten Missernten vermeiden. Das ist sicher einer der Gründe dafür, dass die lateinische landwirtschaftliche Literatur, im Unterschied zur eher theoretisch-spekulativen griechischen, sehr stark praxisorientiert ist. Eine Gestalt wie den „alten Cato" (234–149 v.Chr.) hat es in Griechenland nicht gegeben. Er ist durch seinen am Ende jeder Senatsrede stereotyp vorgetragenen Satz: „*Ceterum censeo, Carthaginem esse delendam*" („*Im Übrigen sage ich als Censor: Karthago muss zerstört werden*") in den Zitatenschatz eingegangen und als Grammatikbeispiel in Gymnasiallehrbüchern bis heute in Erinnerung geblieben. Er war Feldherr, Staatsmann und als solcher Censor und außerdem Großgrundbesitzer in Latium. Die dabei gesammelten praktischen Erfahrungen hat er in einem Buch „De Agricultura" zusammengefasst, in dem Theoretisches kaum zu finden ist, das aber eine Fülle von Hinweisen nach Gutsherrenart enthält, z.B. über Aussaat und Ernte, Witterungsabhängigkeiten, verhältnismäßig begrenzt über Bodenbearbeitung, aber auch über den Umgang mit dem „Personal", d.h. mit den Sklaven. Dabei empfiehlt er übrigens eine bemerkenswert patriarchalische Haltung. Man solle ihnen so viel Freiraum geben, „wie sie vertragen". Sie müssten aber wissen, wo die Grenzen seien. Dann aber, und wenn man sie gut behandle, machten sie ihre Arbeit auch gern.

Die römische landwirtschaftliche Literatur ist reichhaltig, stark themenorientiert und eine vielleicht noch gar nicht hinlänglich erschlossene Quelle der Agrargeschichte. Dafür stehen bis heute viel zitierte Namen und Werke. Als ein Beispiel sei hier nur Lucius Moderatus Columella erwähnt. Er hat etwa 400 Pflanzenarten beschrieben, ihre jeweilige Bedeutung erläutert und zugleich über Pflanzenkrankheiten und Schädlinge berichtet, die den Ertrag mindern können. Ganz modern, und immerhin 60 v.Chr. (!). Sein Buch „De Re Rustica" blieb für lange Zeit eine der einflussreichsten Darstellungen der römischen Landwirtschaft, eben auch, weil er, der selber Landwirt war, viele praktische Themen behandelte: Saatgutlagerung, Auswahl von Saatgut, Getreidekrankheiten, Sortenmerkmale, Pfropfen von Obstbäumen, Gründe für Fruchtfäulen bei Obst, einschließlich Granatäpfeln, Ertragsschwäche bei Olivenbäumen und – freilich zum Teil dubiose – Anweisungen zur Schadensabwehr. So etwas wurde in Rom gebraucht, denn Handlungsanweisungen, keine spekulativen Theorien waren gefragt. Columella hat ein für die Zeit rundum solides Werk vorgelegt.

Zwiespältiger wird oft die erstaunliche Gestalt des rund 100 Jahre später wirkenden Multitalentes und Alleskönners Gajus Plinius Secundus des Älteren (23–79 n.Chr.) beurteilt. In der Tat: Er war, wie es heißt, ein tüchtiger Offizier und Verwaltungsbeamter, zuletzt Flottenkommandant und „nebenher" ein unermüdlicher Sammler und Literat, der über so ziemlich alles geschrieben hat, was seine Zeit zu bieten hatte: Über Kriegswesen, Geschichte, Grammatik, Rhetorik und vieles andere. Erhalten blieb sein staunenswertes Werk über die Naturkunde („Historia Naturalis"). Das ist eine wahre Enzyklopädie in 37 Büchern. Da war es nicht möglich, alle Berichte auf ihren soliden Gehalt zu überprüfen. Also ist sein Stoff meist ohne selbständiges Urteil aus einer umfangreichen Literatur abgeschrieben (oder von Hilfskräften abgeschrieben worden?) und nicht sehr systematisch geordnet. Die Aufarbeitung ist daher schwierig. Aber die Anhäufung von Wissensgut bleibt eine einmalige Quelle für den Kenntnisstand und die Vorstellungswelt der Zeit. Plinius d.Ä. ist beim Ausbruch des Vesuv 79 n.Chr. ums Leben gekommen. Sein Sohn, Gajus Plinius Secundus der Jüngere, hat beschrieben, sein Vater sei von dem Schauspiel der Eruption so fasziniert gewesen, dass er es unbedingt beobachten wollte. So sei er schließlich mit seinem Schiff nicht rechtzeitig entkommen. Seitdem gilt Plinius als Opfer seines Forschungsdranges und als einer der ersten Märtyrer der Wissenschaft. Diesem Autor wird in neuerer Zeit gelegentlich die Darstellung einer ökologischen Kettenreaktion zugeschrieben, die weitreichende historische Folgen gehabt habe. Danach habe Plinius berichtet: Der

Tiber sei früher ein Fluss mit klarem Wasser gewesen, der eine hohe Strömungsgeschwindigkeit gehabt habe. Dann aber habe er sich nach und nach braun gefärbt, weil er abgeschwemmten Boden aus dem Apennin mit sich geführt habe. Der habe sich an der Küste abgesetzt, wodurch die Tibermündung zum Delta geworden sei. Der Hafen von Ostia sei verlandet und unbrauchbar geworden. Da auch alle anderen aus den Sabiner Bergen kommenden Flüsse immer langsamer abflossen, seien die Pontinischen Sümpfe *(paludes)* entstanden. So habe sich in der ganzen Gegend das Sumpffieber, der Paludismus, ausgebreitet, der 53 Dörfer entvölkert habe, die dann verödet seien. Damit aber sei der Getreidebau zum Erliegen gekommen, so dass die Versorgung Roms seither mit Importen aus Sardinien und Nordafrika gedeckt werden musste. Das ist absolut schlüssig, plausibel und glaubwürdig. Aus heutiger Sicht kann man nachtragen: Die Bodenerosion, die die Flüsse braun färbte, war durch die Abholzung der Gebirgswälder entstanden, verursacht durch den enormen Holzbedarf Roms. Der beruhte nicht so sehr, wie die Literatur überwiegend vermutet, auf dem Flottenbau. Wenn man die Schiffsgrößen und Flottenstärken dieser Zeit abschätzt, dann kann dies nur eine marginale Größe gewesen sein. Der wesentliche Faktor war der Bedarf an Bauholz für Rom, vor allem aber an Holzkohle für die Ziegelbrennerei. Noch heute kann man sich, wenn man als Spaziergänger durch Rom geht, ein Bild davon machen. Fast alle monumentalen Bauten, die Foren, die Paläste, die Thermen, die Wohnbebauung, die Stadtmauern, wurden in Ziegeln, und zwar gebrannten Ziegeln, ausgeführt, die Außenfassaden mit Travertin oder Marmor gestaltet. Eine andere Energiequelle als Holzkohle für die thermische Härtung der Ziegel gab es nicht. Also war eine Abholzung des Apennin und seiner Vorgebirge eine Voraussetzung für die Baukultur Roms mit seinem imperialen Anspruch (Abb. S. 27). Die entwaldeten Hänge waren dann natürlich der Bodenerosion ausgesetzt. Folglich wurden die Flüsse braun – mit allen weiteren Folgen. Die Sumpfbildung schuf Brutstätten für *Anopheles*-Mücken, die die Malaria, den Paludismus, übertragen. Die Krankheit blieb bis 1929 (!) endemisch. In diesem Jahr war das Projekt, die Sümpfe trockenzulegen, abgeschlossen; seither ist die Malaria in Latium, der Campagna und in Rom zurückgegangen. Nach dem Zweiten Weltkrieg wurden Restpopulationen der *Anopheles* mittels einer durchorganisierten Bekämpfungsaktion mit Insektiziden, das war damals das DDT, ausgelöscht. Heute werden auf dem ehemaligen Sumpfgebiet wieder Weizen und Zuckerrüben angebaut, mit den landwirtschaftlichen Zentren von Pontinia und Sabandia, die Malaria ist ausgestorben. Diese faszinierende, über mehr als 2.000 Jahre reichende und in ihrem Ablauf nachvollziehbare Geschichte einer ökologischen Kettenreaktion ist aus der Originalliteratur leider nicht zu verifizieren. Zwar berichtet Plinius mehrfach von Überschwemmungen in Ostia. Aber keine der zahlreichen Erwähnungen des Hafens in seinen Schriften beschreibt eine Verlandung. Dennoch sagen alle modernen historischen Darstellungen übereinstimmend, Ostia sei seit der augustäischen Zeit verlandet und habe dadurch an Bedeutung verloren. Eine antike Quelle dafür ist nicht zu finden, im Gegenteil haben die römischen Kaiser ihre Residenz noch im 3. Jahrhundert n.Chr. nach Ostia verlegt. Auch sprechen die Ruinen von Ostia antica, die aus der Zeit des 1. bis 4. Jahrhunderts stammen, für eine lebhafte Handelstätigkeit.

Vielleicht handelt es sich um eine falsche Zuschreibung oder um eine wissenschaftliche Legendenbildung. Eine historische Klärung wäre hilfreich, zumal der Bericht in seinem Kern zutreffende Abläufe wiedergibt. Der Themenkomplex wirft auch einige Schlaglichter auf die agrarpolitische Situation im Alten Rom. Wenn afrikanische Importe den Ausfall der Getreideversorgung aus den latinischen Dörfern ausgleichen mussten, dann setzt das voraus, dass der Weizen ab Hafen Carthago lieferbar war. Das ist auch durchaus einleuchtend, denn seitdem Scipio Africanus major, im Jahre 202 v.Chr., Hannibal in Nordafrika geschlagen hatte und Carthago bis 146 v.Chr. praktisch völlig von Rom unterworfen war, stand die Kornkammer Nordafrikas Rom zur Verfügung. Das Ziel des alten Cato mit seinem „Ceterum censeo" war also erreicht, obwohl Carthago nie ruinös zerstört worden ist, jedenfalls blieb der Hafen intakt. Caesar fand eine politische Lösung, baute die zerstörten Teile von Carthago wieder auf und erhob es zur römischen Kolonie. Durch dieses kluge Vorgehen blieb Carthago eines der wichtigsten Handelzentren im Mittelmeerraum, vor allem aber eine Schaltstelle für den Ausgleich von Missernten und Agrarüberschüssen im Imperium. Rom blieb Machtzentrale, war aber nicht Handelsmetropole. Das mag dazu beigetragen haben, dass mit dem allmählichen Machtverlust auch die Wirtschaftskraft rasch verfiel.

Bei aller Rationalität, die die Agrarwirtschaft der Römer kennzeichnet, war das Bewusstsein, dass gute Ernten nur mit Hilfe der Götter möglich seien und dass man sie günstig stimmen müsse, um Missernten zu vermeiden, stets lebendig. Ceres, die ungefähr der griechischen Demeter entsprach, war die Göttin, die die Feldfrucht wachsen und reifen lässt. Sie wurde in einem Tempel, der nahe beim Circus Maximus lag, verehrt. Und da, um es modern auszudrücken, die Römer in Produktionslinien dachten, stand auch der Getreidehandel unter dem Schutz der Ceres. Der Cereskult brachte es daher mit sich, dass ihr oberster Tempelpriester, der Aedilis, gleichzeitig mit der Regelung des Getreidemarktes beauftragt war. In dieser Eigenschaft war der Aedil auch staatlicher Beamter, dem immer mehr Verantwortungsbereiche zufielen, einschließlich polizeilicher Befugnisse bei der Aufsicht über Maße und Gewichte, der Versorgung Roms mit Getreide und Lebensmitteln überhaupt, der schließlich auch die Sorge für die öffentlichen Gebäude, Straßen, Bäder und Wasserleitungen und den Feuerschutz wahrnahm.. Vielfältige Aufgaben also für einen Diener der Getreidegöttin, aber vielleicht symptomatisch dafür, welche zentrale Bedeutung man der Grundversorgung beigemessen hat. Damit mag es auch zusammenhängen, dass der auffälligsten Getreidekrankheit, dem Rost oder Rubigus ein gleichnamiger Gott zugeordnet wurde, dem jeweils am 25. April besonders geopfert wurde. Ovid (43 v.Chr.–17 n.Chr.) beschreibt die Feierlichkeiten der Rubigalien, die zu diesem Datum begangen wurden in seinen „Fasti", einer Art Festtagskalender. Es fand eine Eingeweideschau statt, Feldprozessionen wurden abgehalten und in Gesängen wurde Rubigus um Schutz der Ernten angefleht. In denen wird der Rost als gefährlicher eingestuft als Sturm, Frost oder Regengüsse. Die Bedrohung der Ernten wurde also durchaus wahrgenommen, ihre Schutzbedürftigkeit gesehen. Und dennoch: Katastrophale Missernten konnten in dem wohlorganisierten Verwaltungs-, Militär- und Agrarstaat mit seiner perfektionierten Infrastruktur entweder vermieden oder ausgeglichen werden. Diese Stabilität hielt an, solange der Machtapparat, der dahinter stand, sie gewährleisten konnte. Mit dessen Verfall musste sie zusammenbrechen.

Wie alle antiken Bauten Roms ist das Collosseum ein marmorverkleideter Ziegelbau. Die Holzkohle zur Ziegelbrennerei kam aus dem Appenin, der dafür entwaldet wurde.

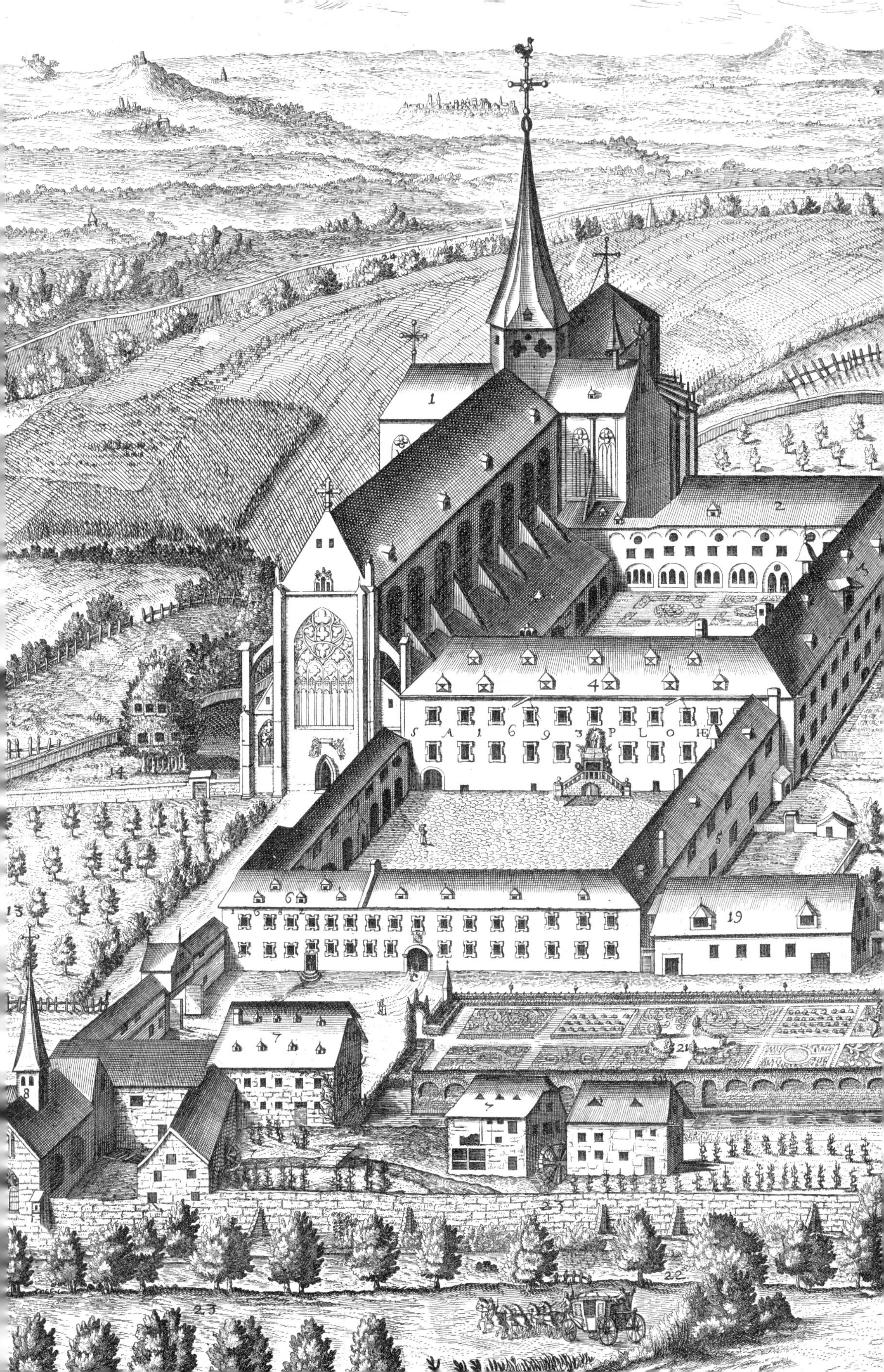
1
2
4
S A 1 6 9 3 P L O E
5
6
19
14
13
7
8
21
22
23

Glauben, Aberglauben, Hungersnöte – Das Mittelalter

„Et Roma ruit" – auch Rom zerbrach. Das führte zum weitgehenden Verlust der Infrastruktur des Imperiums, zum Verfall des Handels, der Verkehrsverbindungen und vor allem der straffen Lenkung des Systems durch einen eingespielten Verwaltungsapparat. Aber das erarbeitete Wissen blieb, und das gilt besonders auch für die Landwirtschaft. Dort wurde es bei den Bauern und Gutsbesitzern weiterhin umgesetzt und praktiziert. Der große Glücksfall war das Entstehen der Mönchsorden in der ausgehenden Antike. Um 390 n.Chr. verfasste der „Kirchenvater" Augustinus die nach ihm benannte „Augustinerregel", die jedoch ihre für die Landwirtschaft tragende Wirkung erst durch den Benediktinerorden (gegründet 529) erhielt. Zwei Prinzipien waren hierfür maßgebend: Die Klöster mussten autark sein, d.h. ohne Zuschüsse von außen ihren Bedarf decken. Und sie mussten nach der Ordensregel das Beten und die Arbeit *(„ora et labora")* als zentrale Aufgabe begreifen. Beides zusammen war Gottesdienst und bedeutete, dass die Landnutzung möglichst hohe Erträge abwerfen musste. Dadurch wurde die antike landwirtschaftliche Literatur bewahrt und kopiert, so dass sie in wesentlichen Teilen für die Nachwelt erhalten geblieben ist. Darüber hinaus wurde das Wissen durch eigene Praxiserfahrung und ihre wissenschaftliche Durchdringung stetig fortentwickelt. Denn gelehrte Herren waren die Mönche ja auch.

Geradezu zum Programm wurde aber die „landwirtschaftliche Mission" bei den Reformorden, die sich von den Benediktinern ableiteten, namentlich bei den Zisterziensern. Sie widmeten sich der Glaubensausbreitung, vornehmlich nördlich der Alpen, gründeten ihre Klöster *„ad fontes"*, also in Tälern, in denen es Wasser gab. Ihrem Ziel verliehen sie dadurch Glaubwürdigkeit, dass sie es mit einer systematischen landwirtschaftlichen Entwicklungshilfe verbanden. Ihr Stammorden, die Benediktiner, bauten und bauen – bis heute – ihre Klöster auf Berge, *„ad montes"*, weithin sichtbar, auch sicherer, und wie Burgen Gottes. Die Zisterzienser setzten sich im Tal der Wildnis aus, rodeten, legten Ackerflächen, Obstgärten, sowie Teiche für die Fischzucht an und schufen so regelrechte Beispielsbetriebe. Ihre rasche Ausbreitung in Ost- und Norddeutschland und den Ostseeländern vom 12. bis 14. Jahrhundert ist eine verblüffende Erfolgsgeschichte. Da sie darüber hinaus einen vergleichsweise bescheidenen, auf Prunk verzichtenden Lebensstil pflegten, gewannen sie Vorbildcharakter. Es ist nicht zu hoch gegriffen, sie als die Väter der modernen Landwirtschaft in Mitteleuropa zu bezeichnen.

Abb. links: Der Mönchsorden der Zisterzienser widmete sich im besonderen Maße der Entwicklung und Verbreitung landwirtschaftlichen Wissens. Dieser Stich des Klosters Altenberg bei Köln (1707, Ausschnitt) zeigt die planmäßige Anlage von Obst-, Gemüse- und Feldkulturen im Umfeld der Gründung.

Zum Orden der Dominikaner gehörte Albertus Magnus (~1200–1280). Die Dominikaner bauten „*ad pontes*", an den Brücken, d.h. in den Städten. Albertus ist der einzige Wissenschaftler, dem die Geschichte den Beinamen „der Große" verliehen hat und war einer der herausragenden Mönchsgelehrten. Er war „Polyhistor", also ein Mensch, der das ganze Wissen seiner Zeit überblickt und verarbeitet hat. Als überragender Theologe war er Lehrer von Thomas von Aquin, als Philosoph kannte er die gesamte griechische Literatur, einschließlich Plato und besonders Aristoteles und er kannte sich auch in der arabischen Literatur aus. Er gilt als einer der ersten eigenständigen Naturwissenschaftler des Mittelalters. Er selbst sagt, dass er zwei Beweisquellen benutze: Den Aristoteles; was der geschrieben habe, sei unumstößlich richtig. Und sein eigenes „experimentum". Es ist viel darüber diskutiert worden, was damit wohl gemeint war. Es scheint aber, dass damit zweierlei Zugänge umrissen werden sollten, nämlich die persönliche Erfahrung und Beobachtung und durchaus auch das Experiment im modernen Sinne. Denn in der Botanik hat Albertus wirklich auch experimentiert. Wie er das alles in seinem Zeitmanagement hat bewältigen können, bleibt ein Phänomen. Freilich: Zum Nachdenken und Beobachten hatte er reichlich Zeit. Er war zwar Professor an der Sorbonne in Paris, wurde 1254 in Worms zum Provinzial der Deutschen Ordensprovinz der Dominikaner gewählt, 1260 wurde er Bischof von Regensburg. Mehrfach wurde er zu Stellungnahmen nach Rom gerufen. Sein Angelpunkt und Hauptort für Lehre und Forschung war Köln, wo er auch in St. Andreas begraben liegt und die heutige Universität seinen Namen trägt. Getreu der Ordensregel hat er alle die weiten Strecken zwischen Köln, Paris, Rom, Regensburg und wieder Köln zu Fuß zurückgelegt. Das ergab genügend Stoff für Beobachtungen, über Abläufe in der Natur und in der Landwirtschaft, und Muße für deren geistige Umsetzung. Aber die Studierstubenarbeit zur Niederschrift der Gedankengebäude hätte, normale Maßstäbe vorausgesetzt, schon für sich allein ein ganzes, prall ausgefülltes Arbeitsleben eines fleißigen Wissenschaftlers beansprucht. Das schier unglaublich umfangreiche und vielseitige literarische Werk von Albertus ist bis heute noch nicht voll ausgeschöpft, obwohl seit 1931 an einer kritischen Gesamtausgabe gearbeitet wird. Im agrarischen Zusammenhang sind die „De vegetabilibus libri VII" sehr bemerkenswert, weil sie eben nicht nur überliefertes aristotelisches Wissen spiegeln, sondern Albertus als einen genauen Naturbetrachter und Interpreten mit fundiertem Hintergrundwissen ausweisen. Für die Landwirtschaftsgeschichte ist dabei das siebente Buch der „Libri" besonders aufschlussreich. Hier finden sich viele Hinweise, die nur durch die Beobachtungen zu erklären sind, die Albertus auf seinen langen „Dienstwanderungen" zugeflossen sind, so über die Notwendigkeit der Brache zur Bodenerholung oder über den

Wasserhaushalt leichter und schwerer Böden. Auf schlechten Böden in kühlen Gegenden soll man, so schreibt er, das Wintergetreide früh im Herbst aussäen, damit die Pflanzen noch vor Wintereinbruch ausreichend gekräftigt sind, auf guten Böden ist die Saat später vorzunehmen, damit das aufgelaufene Getreide nicht zu üppig wird und dann im Frühjahr nicht genügend Nahrung findet. In kalten und feuchten Gegenden in Meeresnähe oder Sumpfgegenden soll man überhaupt nur Sommergetreide anbauen. Eine Fülle von ähnlich präzisen Hinweisen gibt es zum Wein-, Obst- und Gemüsebau und macht es verständlich, dass eine reichliche Sekundärliteratur aus diesem Fundus schöpfte, der über 300 Jahre als Standard galt. Gert Orlob hat in seiner grundlegenden Arbeit über „Frühe und mittelalterliche Pflanzenpathologie" von 1973 eindrucksvoll zusammengestellt, mit welchen Themen sich Albertus befasst hat. Die staunenswerte Liste enthält neben vielen aristotelischen Überlieferungen eine große Zahl originärer Beiträge über holzzerstörende Pilze, Fruchtfäulen, über für die landwirtschaftliche Nutzung ungeeignete Böden, über Pflanzenernährung, Aussaattermine, Pflanzenhygiene, Obstbaurezepte und mehr. Sicher wäre das Werk noch eine Fundgrube für die agrarhistorische Forschung und würde ein Schwerpunktprogramm lohnen.

Das Mittelalter also eine Ära landwirtschaftlichen Fortschritts? Dazu steht in krassem Kontrast, dass diese Geschichtsepoche zugleich ein Zeitalter der Hungersnöte war. Wie ist das zu erklären? Die Gründe sind wohl hauptsächlich im strukturellen, im handels- und agrarpolitischen Bereich zu suchen, aber auch eine Reihe naturhistorischer Abläufe hat eine wesentliche Rolle gespielt.

Die Agrarstruktur war durch das Lehnswesen geprägt, das eigentlich eine Art Pachtsystem war. In letzter Instanz verfügten die Landesherren über das Land. Sie belehnten den „landgesessenen" Adel, der aber in der Regel nicht selbst wirtschaftete, sondern seinerseits den meist leibeigenen Bauern die landwirtschaftliche Tätigkeit überließ. Freie Bauern waren selten. Die Lehnsnehmer übernahmen gegenüber den Lehnsherren Verpflichtungen, z.B. die Heerfolge, vor allem aber die Abführung des „Zehnten". Zehn Prozent aller erwirtschafteten landwirtschaftlichen Produkte mussten abgeliefert werden, fast stets in Naturalien. Noch heute zeugen in vielen Burganlagen die „Zehntscheunen" von diesem System. In ihnen wurde die angelieferte Ernte gelagert, was meist mehr oder weniger einer Bevorratung bis zur nächsten Ernte gleichkam.

Reste dieses Abgabesystems haben sich bis ins 20. Jahrhundert erhalten. So hatten viele preußische Forstbeamte in den Ostprovinzen „Dienstland", das sie nicht selbst bewirtschafteten, sondern einem ortsansässigen Bauern „auf den dritten Hucken" überließen. Das heißt: Der Bauer durfte jede dritte Garbe, bzw. überhaupt ein Drittel der Ernte, für sich behalten, zwei Drittel beanspruchte der Forstmeister. Eine schwache Reminiszenz.

Aber das alte Lehnssystem hatte Folgen: Es ließ sich damit zwar durchaus Macht- oder Hausmachtpolitik betreiben, für die die Lehnsvergabe ein vorzügliches Instrument war, aber zur Steuerung der Agrarpolitik war es ungeeignet.

Einer solchen hätte es aber bedurft, um Ertragsschwankungen oder gar Missernten räumlich und zeitlich auszugleichen, vor allem aber, um eine wachsende Bevölkerung in einer zunehmend arbeitsteiligen Gesellschaft mit Nahrungsmitteln zu versorgen: Die aufblühende städtische Kultur band immer mehr Menschen in Handwerk, Gewerbe, Handel und durch die Universitäten in geistigen und geistlichen Berufen. Kurz: Die Zahl und der Bevölkerungsanteil der Konsumenten stieg. Das herkömmliche Agrarsystem hatte gewährleistet, dass die Landwirtschaft wenig mehr als den Eigenbedarf plus den Zehnten plus einen gewissen Überschuss produzierte, der dazu dienen musste den Hof in Stand zu halten, den Schmied, den Wagner, den Böttcher, den Schneider, den Schuster, den Zimmermann, den Krämer, den Müller zu bezahlen und die Aussteuer für die Töchter anzusparen. Das dazu erforderliche Geld kam überwiegend aus wöchentlichen Verkäufen im nächsten Marktflecken. Alles andere blieb im Rahmen der Naturalwirtschaft, die dazu weitgehend „Subsistenzwirtschaft" war, wie man das heute nennt, also überwiegend der Deckung des Eigenbedarfes diente.

Die Entwicklung der städtischen Kultur und die Ertragsfähigkeit der Landwirtschaft standen in Wechselwirkung zueinander: Ein zahlungsfähiges Bürgertum brachte die Kaufkraftnachfrage nach Agrarprodukten auf, und das schuf Anreize für Ertragssteigerungen in der Landwirtschaft, für eine Verbesserung der Transportmöglichkeiten vom Land in die Städte und eine Reihe von Innovationen.

So wurde im ersten Drittel des 12. Jahrhunderts das Zuggeschirr für Pferde erfunden. Das steigerte die Leistung beim Pflügen gegenüber dem Ochsengespann um 30 bis 40 %, es erhöhte die Ertäge und die Transportkapazität. Nur dadurch konnten die gewaltigen Bauvorhaben, die Stadtmauern, Brücken und Kathedralen, finanziert werden – letztlich übrigens auch die Kreuzzüge. Regional entstand ein Klima relativer Prosperität.

Dennoch war das System krisenanfällig. Es gab keine Pufferzone für Notsituationen oder auch nur Perioden der Verknappung. Auch waren die Verkehrswege und Transportmittel nicht vorhanden, um Massengüter über weite Entfernungen zu verlagern; die Lagerkapazitäten reichten nicht aus, abgesehen davon, dass Ratten, Mäuse und Kornkäfer die Vorräte vielfach in kurzer Zeit auffraßen. Das römische Vorbild war unter diesen völlig andersartigen Voraussetzungen nicht rekonstruierbar, kopierbar oder anwendbar.

Das wirkte sich auch in anderen Bereichen aus: Nur eine kluge Agrarpolitik hatte Rom in den Stand gesetzt, ein großes stehendes Heer zu verpflegen und auf seinen Feldzügen zuverlässig mit Nachschub zu versorgen. Dass dies im Mittelalter nicht mehr gelingen konnte, war zweifellos einer der Gründe für das klägliche Scheitern der Kreuzzüge, ein wahrhaft geschichtsträchtiger Vorgang. Es trifft den Kern, wenn Ludwig Uhland in seiner Ballade „Schwäbische Kunde“ von einem Kreuzzug schreibt:

„Daselbst erhob sich große Not,
viel Steine gab's und wenig Brot,
und mancher deutsche Reitersmann
hat dort den Trunk sich abgetan.
Den Pferden war so schwach im Magen,
fast musst' der Reiter die Mähre tragen.“

Undenkbar, dass den Römern bei einer ihrer militärischen Unternehmungen etwas derartiges passiert wäre: Ausreichende Truppenverpflegung und, ebenso wichtig, ausreichend Futter für die Pferde der Kavallerie und der Trossfahrzeuge waren eine strategische Voraussetzung. Eine solche zuverlässige Versorgung konnte das mittelalterliche Landwirtschaftssystem nördlich der Alpen für lange Zeit nicht leisten, für einen großen Militär- und Beamtenapparat ohnehin nicht.

Immer wiederkehrende Hungersnöte waren die Folge. Viele von ihnen sind einschließlich der Gründe für die Missernten urkundlich belegt, oder zumindest sind die Ursachen rekonstruierbar. Das ist aber durchaus nicht immer der Fall, denn wenn es eine Hungersnot gab, dann wurde sie entweder als Gottesstrafe oder Teufelswerk empfunden, eine Diagnose war damit zweitrangig. So ist es bei Berichten über den Ausfall der Getreideernten heute schwer zu entscheiden, ob meteorologische Ereignisse wie Dürre, Frost, Niederschlagsüberschuss, oder ob Pilzinfektionen wie Rost, Brand, Mehltau, Auswinterung oder andere Ursachen, z.B. Bodenschädlinge, verursachend waren. Nur sehr auffällige Phänomene, wie Heuschreckenschwärme oder durch das Mutterkorn ausgelöste Epidemien wurden ausdrücklich aufgeführt und sind deshalb über Jahrhunderte gut zurück zu verfolgen. Sie haben in der Tat Geschichte gemacht und verdienen deshalb eine gesonderte Betrachtung.

Über die Ausmaße und Folgen der Hungersnöte können wir uns heute kaum noch eine Vorstellung machen. Sie traten manchmal flächendeckend in ganz Europa auf – dann beruhten sie meist auf Missernten in Folge von Dürrejahren. Manchmal betrafen sie „nur“ große Regionen, z.B.: „Es herrschte Hungersnot im ganzen Frankenreich." Manchmal waren sie regional oder lokal begrenzt, konnten aber nicht ausgeglichen werden. Das hatte nicht nur logistische Gründe. Vielmehr spielt hier der enge Zusammenhang zwischen Hungerperioden *(fames)*, Teuerung *(caristia)* und folglich Kaufkraft eine Rolle.

Damit ist das Problem der Armut, das das ganze Mittelalter begleitet, angesprochen. Die Lebensmittelpreise stiegen bei Knappheit selbstverständlich an. Wohlhabende konnten die hohen Preise für die Deckung ihres Grundbedarfes noch aufbringen. Für arme Leute ging es an die Existenzgrundlage. Es gibt erschütternde Berichte darüber, dass sie Baumrinde geraspelt und unter das Mehl gemischt haben, um dem Brot wenigstens sein Volumen zu geben, dass Frauen, obwohl ohnehin entkräftet, jeweils die zwei jüngsten ihrer meist sehr zahlreichen Kinder weiter gestillt haben, weil sonst nichts da war, um sie zu füttern und dass es einen beklagenswerten „Sittenverfall" gab, weil – durch Hunger bedingt – Bettelei, Mundraub und Prostitution zunahmen.

Was für den privaten Bereich galt, traf ebenso auf die Gemeinwesen zu: Wohlhabende Freie Reichsstädte oder Hansestädte konnten Vorräte für Notzeiten anlegen oder sogar in Zeiten der Knappheit den Markt leerkaufen, um dann womöglich nochmals mit Gewinn weiterzuverkaufen. Das setzte sie aber auch in den Stand, Speisungen für die arme Bevölkerung vorzunehmen – sicherlich nicht nur aus Gründen der Sozialfürsorge, sondern auch um Ruhe, Ordnung und Sicherheit zu gewährleisten, denn gesättigte Bürger neigen weniger zu Krawallen.

Im Wortsinne am Rande, nämlich am geographischen Rande der europäischen Region, hat sich im 10. und 11. Jahrhundert in Grönland ein agrarischer Zusammenbruch abgespielt, der eine ganze Siedlungskultur zum Erliegen gebracht hat. Dort hatten sich nach 900 unter Erik dem Roten die Normannen angesiedelt und bildeten, für das seefahrende Eroberervolk eher ungewöhnlich, eine sesshafte Bevölkerung, die Weidewirtschaft betrieb. Die Ursache ist in diesem Fall, den man durchaus als geschichtsträchtig ansehen kann, identifiziert: Die im Boden lebenden Raupen eines Eulenfalters, *Agrotis occulta*, traten massenhaft auf, fraßen die Wurzeln der Grünpflanzen ab und entzogen den Siedlern, die sonst nur von Jagd und Fischfang leben konnten, die Existenzgrundlage. Spätere portugiesische und dänische Expeditionen fanden nur noch Spuren der Normannen vor.

Im Kern Europas, mit seiner viel höheren Bevölkerungsdichte, hatte das Geschehen ebenso dramatische Züge. In England rechnete man im 11. und 12. Jahrhundert im Schnitt alle 14 Jahre mit einer Hungersnot. In Deutschland führten Missernten 1283 und 1290 zu regionaler Verelendung, 1294 wurde ganz Europa von einer „Großen Hungersnot" überzogen. In den Jahren von 1309 bis 1317 traf es wiederum hauptsächlich Deutschland. Aus dieser Zeit ist dokumentiert, dass es allein in den Jahren 1315 bis 1317 in Mainz 16.000 Tote gab, die nach den Beschreibungen an Hungertyphus gestorben sind. Es kann kein Zweifel daran bestehen, dass eine derartige Auszehrung auch die politische Handlungsfähigkeit des Staatswesens tangiert haben muss.

Bei Katastrophen dieses Ausmaßes wird immer nach Verursachern oder Schuldigen gesucht. Waren es Gottesstrafen, dann halfen nur Beten und Bußhandlungen, die z.T. exzessive Formen annahmen. War es Teufelswerk, dann musste man diejenigen finden, die Helfershelfer oder Instrumente des satanischen Willens waren. Und das waren die Hexen. Weibspersonen, die besonders hübsch oder besonders hässlich waren, waren gefährdet, die einen, weil der Teufel ihnen verführungshalber und zur Tarnung die Schönheit verliehen hatte, die anderen, weil ihr abstoßendes Aussehen von vornherein seine Fratze spiegelte. Als Beispiel für die unglaublich große Zahl von Hexenprozessen, wie sie grausamer nicht gedacht werden können, sei hier das Geständnis eines Teufels wiedergegeben, das einem sechzehnjährigen Mädchen unter Folter abgepresst wurde. Es ist auf lateinisch aufgezeichnet und lautet: *„Ich bin, sagte er* (der Teufel), *Genosse und Schüler Satans – durch einige Jahre habe ich mit meinen elf Gefährten das Königreich der Franken zerstört, wir haben die Ackerfrucht und den Wein und alle anderen Früchte, die von der Erde für die Menschen hervorgebracht wurden, gemäß unserem Befehl abgewürgt und vertilgt, mörderische, tödliche Krankheiten, Seuchen und Pest bei den Menschen selbst ausgebreitet!“ („Ego, ait, sum satelles atque discipulus Satanae – per annos aliquot cum sociis meis undecim regnum Francorum vastavi; frumentum et vinum et omnes alias fruges, quae ad usum hominum de terra nascuntur, juxta quod iussi eramus, enecando delevismus, pecora morbis interfecimus, luem et pestilentiam in ipsos homines immisimus.“)*

Das arme Mädchen ist auf dem Scheiterhaufen gestorben, wie unzählige ihrer Geschlechtsgenossinnen, die aus Neid, aufgrund von Tratsch, Klatsch und Eifersucht, vielleicht auch, weil sie ihren Mitmenschen unheimlich oder unsympathisch waren oder aus einer Urangst vor der Existenznot verdächtigt worden waren und dann einem „hochnotpeinlichen“ Verfahren, das war die Folter, unterzogen wurden. Da gab es kein Entrinnen. Es gibt keine auch nur annähernd zuverlässigen Zahlen darüber, wie viele Frauen dem Hexenwahn zum Opfer gefallen sind, schon gar nicht darüber, wie viele davon verurteilt wurden, weil sie die Ernten verhext hätten. Die Schätzungen lauten auf hohe fünf- oder sechsstellige Ziffern. Gemessen an der damals noch insgesamt niedrigen absoluten Bevölkerungszahl ist das eine unglaublich hohe Schreckensbilanz. Als der Jesuit Graf Friedrich von Spee, der Beichtvater vieler verurteilter Hexen gewesen war, 1631 mit seiner gegen die Hexenprozesse gerichteten Schrift „Cautio criminalis“ gegen die Hexenprozesse auftrat, tat er das anonym, um nicht selbst in den Verdacht der Ketzerei zu geraten. Und in der Tat, die Hexenverfolgung hielt bis zur Aufklärung an, im deutschen Sprachgebiet wurde die letzte Hexe 1782 verbrannt. Die große Hilflosigkeit des mittelalterlichen Menschen gegenüber elementaren Naturereignissen und sein Bewusstsein, dass hier höhere Mächte im Spiel seien, spiegelt sich auch darin, dass vielfältig kirchliche Prozesse und Bannflüche gegen Schädlinge belegt sind. Schon 666 hat St. Magnus, der Abt von Füssen mit dem Stabe des Hl. Columban (geb. um 600) Heuschrecken, über die noch zu reden sein wird, und anderes Ungeziefer abzuwehren versucht. 1320 wurde ein Kirchenprozess gegen Maikäfer vor dem geistlichen Gericht in Avignon geführt, vor das die Insekten durch Anschläge und Tafeln, die auf dem geschädigten Grundstück aufgestellt waren, geladen wurden, unter Androhung des Kirchenbannes. Der Verteidiger der Maikäfer setzte sich für ihr Recht auf Nahrung ein. Dementsprechend wurde ihnen im Urteil ein näher gekennzeichnetes Feld mit ausreichender Nahrung zur Verfügung gestellt, auf das sie sich binnen drei Tagen zurückzuziehen hätten. Zuwiderhandelnde würden für vogelfrei erklärt. Das war tief ernst gemeint. 1481 wurden die Heuschrecken vor ein geistliches Gericht in Basel geladen und, trotz Rechtsbeistandes durch die Freiburger Fakultät, mit dem Bann belegt. 1585 verurteilte ein Gericht in Valence die Raupen zum Verlassen der Gegend. 1587 fand in St. Julien (Savoyen) ein Prozess gegen grüne Raupen statt, die die Weinberge verwüsteten. Kläger und Verteidiger kamen ausführlich zu Worte. Der Verteidiger sagt, dass ein Wesen, welches keine Vernunft besitze und keinen freien Willen habe, keine Missetat begehen und damit nicht als Missetäter vor Gericht gerufen werden könne. Solche Gedankengänge haben sich an der Schwelle zur Neuzeit offenbar durchgesetzt. Jedenfalls verbot Kardinal Duperron in Frankreich geistliche Tierprozesse. Trotzdem fand der letzte kirchliche Tierprozess noch 1733 in Baumontan und der letzte weltliche Tierprozess 1830 in Dänemark statt, also lange nach der französischen Revolution. Der zeitliche Abstand zur Gegenwart ist gar nicht so groß.

Auch gibt es zu den Nahrungssorgen, der Armut und Existenzangst des Mittelalters noch heute einen recht unmittelbaren Zugang. Denn damals entstand der Stoff für unsere Märchen, die später in der Romantik gesammelt und aufgeschrieben wurden. Viele dieser Märchen handeln, wenn man sie auf ihren Kern zurückführt, im Grunde nur von dem einen Wunschtraum: Sich einmal richtig sattessen zu können – das „Schlaraffenland“, „Tischlein deck' dich“, das Pfefferkuchenhaus bei Hänsel und Gretel und viele, viele andere.

Das Mittelalter ist in seiner Vielschichtigkeit schwer auf einfache Formeln zu bringen. Aber der Kampf um ausreichende Ernten, die Katastrophen nach Fehlschlägen und die verzweigten Konsequenzen, die sich daraus ergaben, waren eine bedeutsame, prägende Größe. Viele Fragen bleiben noch offen.

In Notzeiten muss man „kleine Brötchen backen“: Brotmaße im Portal des Freiburger Münsters (Kreise rechte Bildhälfte). Im Hungerjahr (1270) gab es nur kleine, im guten Erntejahr 1320 große Brote.

Alte Plagen und neue Probleme

Biblische Plage und neue Bedrohung – Die Heuschrecken

Viele Hungersnöte im Mittelalter sind, auch für Europa belegbar, durch den massenhaften Einfall von Heuschreckenschwärmen verursacht worden. Das Phänomen der Heuschreckenplagen ist aber viel älter und besteht, seit es dokumentierte Geschichte gibt, vermutlich aber noch viel länger. Als die älteste bekannte Darstellung von Heuschrecken gilt ein Relief auf einer Stele aus Sakkara in Oberägypten, die in die Zeit der 6. Dynastie, d.h. etwa 2400 v.Chr., datiert wird.

Ganz sicher löst wohl kaum eine Gruppe von Insekten im menschlichen Empfinden so viele Abwehrreaktionen aus, wie die der Heuschrecken. Das Gefühl des rettungslosen Ausgeliefertseins an Naturgewalten, der Hilflosigkeit gegenüber einem Phänomen, das in Minuten die Arbeit von Jahren vernichten kann, ist tief im Bewusstsein der Menschen verankert. Der Horror, den riesige Schwärme von den Himmel verdunkelnden, monströsen Tieren auslösen, findet in den Ländern, in denen auch heute noch Heuschreckenkatastrophen eintreten, seinen Ausdruck in Bezeichnungen wie „Geißel Allahs“ oder „Sturmwind des Teufels“. Offenbar ist es aber eine Frage der Deutung, ob man in solchen Naturereignissen nicht auch eine göttliche Hilfe erkennen kann. Als eine solche sah jedenfalls das Volk Israel die zehn ägyptischen Plagen an, die die Voraussetzung für seine Flucht aus Ägypten ins gelobte Land waren. Die achte Plage war eine Heuschreckenkatastrophe (Exodus, 7. bis 10. Kapitel = 2. Buch Mose), und die ist auch naturwissenschaftlich interessant. Die Heuschrecken kommen nämlich mit dem Ostwind und werden am Ende der Plage mit dem Westwind aufs Meer getragen. Das entspricht genau der auch heute regelmäßig beobachteten Epidemiologie der Heuschrecken in Nordafrika: Die Schwärme entwickeln sich stets im „Horn von Afrika“, also in Somalia, Eritrea und im Osten Äthiopiens und werden nach dem Aufsteigen mit dem Ostwind verbreitet. Bei jeder Heuschreckenvermehrung entsteht auch heute noch die Hoffnung, dass rechtzeitig aufkommender Westwind die Schwärme über den Indischen Ozean treiben möge, in dem sie dann meist rettungslos ertrinken, wenn sie nicht, was selten vorkommt, bis an die Westküste Indiens getragen werden.

Wie hervorragend die Autoren des Alten Testaments über die Biologie der Heuschrecken orientiert waren, zeigt die dramatische Schilderung, die der Prophet Joel gibt. Er schreibt: *„Wie ein Garten Eden war das Land, ehe es kam“*, (das Heer der Heuschrecken) *„wie eine öde Wüste war es, als es ging. Es gibt kein Entrinnen von ihm. Sie sehen aus wie Pferde, wie schnelle Rosse jagen sie dahin.“ „Denn ein*

Abb. links: Kupferstich (Israhel von Meckenem), der den tiefen Eindruck des Künstlers von einer Heuschreckenplage im 15. Jhdt. wiedergibt. Die übergroße Schädlingsdarstellung kann vielleicht auch erklären, warum schon Plinius behauptet, Heuschrecken seien „drei Fuß“ lang.

Volk ist eingefallen in mein Land, stark und ungezählt. Seine Zähne sind wie die Zähne eines Löwen, ein Gebiss hat es, wie eine Löwin." „*Was der Schäler übrigließ, dass fraß der Hüpfer, was die Heuschrecke übrigließ, dass fraß der Springer, was der Springer übrigließ, das fraß der Grasfresser.*" So die Übersetzung der Jerusalemer Bibel. Das Wort „Schäler" ist bei Luther als „Raupen" übersetzt, andere Übersetzungen sprechen von „Hüpfern". Vermutlich handelt es sich hier um eine Unterscheidung, die den übersetzenden Theologen und Philologen nicht geläufig war: Die Jugendstadien der Heuschrecken sind flugunfähig, sie werden als „Hüpfer" oder „Springer" bezeichnet und fressen die Bodenvegetation auf. Erst die erwachsene, flugfähige Heuschrecke kann stehende Kornfelder, Sträucher und Bäume befallen. Der Prophet Joel hat das wahrscheinlich sehr genau unterschieden. Der „Grasfresser" im letzten Satz wird bei Luther als „das Geschmeiß" übersetzt. Anderswo heißt es „Gewürm". Das klingt ganz einleuchtend. Es ist anzunehmen, dass hier folgendes gemeint ist: Die von den Heuschrecken abgebissenen, aber nicht gefressenen Pflanzenteile fallen zu Boden und werden dort von allen den Tierarten verarbeitet, die man in der Ökologie als „Destruenten" bezeichnet – Asseln, Tausendfüßler, Insekten, Würmer und viele andere mehr.

Eindrucksvoll ist die Beschreibung der Heuschrecken selbst: „Sie sehen aus wie Pferde:" Tatsächlich heißen ja die heute bei uns vorkommenden Arten im Volksmund „Heupferdchen". Und dass sich der Prophet die Beißwerkzeuge der Tiere genau angesehen hat, zeigt sein Vergleich mit einem Löwengebiss. Denn die mächtigen, scharfkantigen Chitinkiefer (Mandibeln) dieser Insekten erinnern wirklich an die Reißzähne eines Raubtiers. Seit diesen biblischen Berichten gibt es unzählige Beschreibungen über katastrophale Heuschreckenjahre, nicht allein aus Afrika und dem Vorderen Orient, sondern aus allen „Weltgegenden". Nicht nur die Schäden selbst, so verheerend sie waren, lösten Schrecken und Panik aus, sondern auch die Begleitumstände: Die riesigen Schwärme verdunkelten die Sonne, das Fluggeräusch, ein monotoner, mechanisch schnarrender und je nach Schwarmdichte auf- und abschwellender Ton, verstärkte den Eindruck des Unheimlichen. Das Geräusch wird auch mit dem Tosen eines in die Tiefe stürzenden Stromes verglichen. Wer in einen landenden Schwarm hineingeriet, bekam Todesangst, weil die vielen auf ihn klatschenden, scharfkantigen Insekten ihm das Gefühl gaben, keine Luft mehr zu bekommen, ausgepeitscht und gefoltert zu werden. Wer je in einem Heuschreckenschwarm gestanden hat, vergisst es nie.

Einige Zahlen mögen die Dynamik solcher Naturereignisse erläutern: Ein mittelgroßer Schwarm in Afrika besteht aus 40 Milliarden (40.000.000.000) Individuen. Dessen Gesamtgewicht beträgt ca. 80.000 t Lebendmasse. Eine Tonne Heuschrecken verzehrt pro Tag soviel Pflanzenmaterial, wie zur Ernährung von 250

Menschen ausreichend wäre, das heißt, ein 40-Milliardenschwarm vernichtet täglich die potentielle Nahrungsbasis von 20 Millionen Menschen. Täglich!

Kein Wunder, dass diese – im Vergleich zu anderen Ursachen von Ernteschäden – so eindeutig zu identifizierende und eindrucksvolle Schadensursache über die Jahrhunderte von den Chronisten vielfältig beschrieben und dokumentiert worden ist. So hat – natürlich – Plinius (23–79 n.Chr.) von Heuschrecken berichtet. Aber entweder hat er nie einen Befall erlebt, oder, falls doch, war er so davon beeindruckt, dass ihm die Dimensionen außer Kontrolle geraten sind. Jedenfalls sagt er, eine Heuschrecke sei drei Fuß lang. Der Grieche Pausanias (2. Jahrhundert n.Chr.) schreibt von der schauerlichen Gewalt der fressenden Schwärme und macht damit wahrscheinlich, dass Heuschreckeneinfälle im nördlichen Mittelmeer in der Antike vorkamen. Auf dem europäischen Festland und in England grassierten sie mit der Folge von Hungersnöten durch das ganze Mittelalter hindurch. St. Magnus von Füssen (S. 36) hat im Jahre 666 Heuschrecken und anderes Ungeziefer abzuwehren versucht. Sehr interessant ist ein Ablauf, der aus dem Jahr 873 berichtet wird, wo riesige Heuschreckenschwärme in Deutschland, Frankreich und Italien auftraten und bis nach Spanien zogen. Die Erscheinung, die die Zeitgenossen in höchstem Grade erregte, hat im Gebiet zwischen Mainz und Fulda zu einer Hungersnot geführt. Der Grund liegt darin, dass die Schwärme „*tempore novarum frugum*", also vor der Ernte, in Mainz erschienen. Als sie am 16. August in Reims ankamen, war dort die Frucht schon eingebracht.

Für Deutschland werden für die Zeit von 803 bis 1694 über 20 große Heuschreckenplagen dokumentiert, davon die meisten in Westdeutschland, einige jedoch auch überregional, so die schon oben erwähnte, die sich offenbar auf die Jahre 872 bis 875 erstreckte und außer im Rheinland und Hessen auch aus Tirol und Sachsen beschrieben wird. Großflächig muss auch eine offenbar verheerende Periode von 1337 bis 1341 verlaufen sein, von der Westdeutschland, Bayern und Sachsen betroffen waren. Und 1541 bis 1543 tauchten die Schwärme überall in Deutschland auf, im Westen, in Sachsen, in Brandenburg und in Schlesien, ähnlich, wie nach vielen weiteren Heuschreckenjahren im 16. und 17. Jahrhundert im Jahre 1693. Aus diesem Anlass wurde 1693 in Breslau eine eindrucksvolle Erinnerungsmedaille an das Heuschreckenjahr geschlagen, die eine geradezu lehrbuchgetreue Abbildung eines Heuschreckenmännchens wiedergibt (S. 49). Die Umschrift auf der Aversseite lautet „Ein Diener des Herrn der Heerscharen", was bewusst an die „Himmlischen Heerscharen" der Engel erinnern soll, mit denen die Heuschrecken natürlich nicht gemeint sind. Vielmehr besagt sie: Auch die Heerscharen der Heuschrecken unterliegen dem Willen Gottes. Und so wurden sie hingenommen. Das kleine Beispiel spiegelt brennglasartig das mittelalterliche Bewusstsein.

Dennoch war die Furcht vor den Schädlingen, denen man fast hilflos gegenüberstand, groß. Sie wurde dadurch verstärkt, dass man sie auch für die Verursacher von Seuchen hielt. Als 1613 im Anschluss an eine Heuschreckenplage eine Pestepidemie ausbrach, nahm man an, die Insekten hätten die Seuche eingeschleppt. Das stimmte so natürlich nicht. Aber ganz unbegründet war die Beobachtung nicht, denn durch Hungersnöte waren die Menschen konstitutionell so geschwächt, dass sie eine leichte Beute von Seuchen wurden. Wenn etwa 1473 in Venetien im Gefolge eines ausgedehnten Heuschreckenzuges mehr als 30.000 Menschen während der resultierenden Hungersnot starben, dann war Entkräftung die eigentliche Todesursache. Menschen sterben selten direkt an Hunger, sondern an Folgeerscheinungen wie Durchfällen, Erkrankungen der Atemwege oder Infektionskrankheiten, gegen die der Organismus wehrlos geworden ist.

Natürlich versuchte man die Heuschrecken abzuwehren. Sieht man von den geistlichen und weltlichen Tierprozessen und der Hexenverfolgung ab, gab es durchaus auch Anstrengungen zu einer direkten Bekämpfung oder Vertreibung der Schwärme, freilich mit begrenztem Erfolg. Man brannte Rauchfeuer ab, versuchte die Insekten mit Knüppeln, Käschern, Lärm, Dreschflegeln oder dem Ausblasen von Asche am Landen zu hindern. Man läutete die Sturmglocken, nicht nur aus sakralen Gründen, sondern auch weil man hoffte, der Schall könne die Tiere verjagen, man schoss Böller ab und jagte Hunde durch die Felder. Das alles half nicht viel, aber es gab den Menschen wenigstens das Gefühl, dem schrecklichen Geschehen nicht tatenlos zusehen zu müssen.

Die Schäden setzten sich auch im 18. Jahrhundert fort. Aber in der Neuzeit stieg die Tendenz, aus der genauen Naturbeobachtung Schlüsse zu ziehen und daraus planmäßige Gegenmaßnahmen zu entwickeln. Das belegen Edikte Friedrichs des II. von Preußen, des Großen, und von Maria Theresia aus den Jahren 1731, 1747 und 1752. Sie sind so aufschlussreich, dass sie hier auszugsweise wiedergegeben werden sollen.

Friedrich der Große verfügt:

„*Wir Friderich, von Gottes Gnaden König in Preußen, Markgraf zu Brandenburg des Heiligen Römischen Reichs Ertz Cämmerer und Churfürst*“ (es folgt eine halbe Seite weiterer Titel) „*Thun hiermit Kund und fügen hiermit zu wissen, dass, nachdem sich in Unseren Chur- und Neumärkischen Landen das verderbliche Ungeziefer, die Sprengsel oder Heuschrecken letzt vergangenen Sommer in grosser Menge eingefunden, und an verschiedenen Orten grossen Schaden verursachet, auch nunmehro ihre Bruth in die Erde geleget, woraus zu befürchten, dass künftiges Früh-Jahr eine noch grössere Menge junger Heuschrecken zum Vorschein kommen, und das Unglück des Sprengsel-Frasses allgemein werden dürfte; So haben Wir solchem Uebel vorzu-*

beugen aus Landes-väterlicher Vorsorge nöthig gefunden, nicht alleine dasjenige, so wegen Vertilgung dieser Land-verderblichen Bruth albereits durch die Edikte vom 13. April und 24. Oktober 1731 verordnet worden, hiermit zu wiederholen, sondern es wird auch hierdurch noch ferner zu künftiger Beobachtung festgesetzet:

1.) Daß an den Orten, wo Heuschrecken gelegen und liegen geblieben und Bruth geleget, wovon die Hirten die beste Nachricht geben können, die Gerichts-Obrigkeiten die Unterthanen sofort bey harter Leibes-Strafe anzuweisen, die Sprengsel-Bruth sowohl im Herbst als in dem darauf folgende Früh-Jahr fleißig aufzusuchen und auszurotten ausser dem auch die Oerter, wo sie lieget, mit den Schweinen, welche davon Witterung haben, fleißig zu betreiben.

2.) Müssen vor Winters diejenigen Oerter, wo die Sprengsel liegen geblieben und Bruth geleget, flach umgepflüget und wenn solches geschehen, dergleichen abermals mit den Schweinen öfters betreiben, und die Bruth sowohl dadurch, als durch fleißiges Aufsuchen ruiniert werden.

3.) Sollte hierdurch dem Uebel nicht gänzlich vorgebeuget werden können; So müssen die Gemeinden-Hirten und Schäfer, wie wir auch Krafft dieses ihnen ernstlich befehlen, fleißig vigilieren, und wenn sich etwa junge Bruth im Früh-Jahre sehen lässet, solches so fort nicht nur ihrer Gerichts-Obrigkeit sondern auch den benachbarten Gemeinen anzuzeigen."

Ganz ähnlich:

„*Wir, Maria Theresia von Gottes Gnaden Römische Kaiserin, in Germanien, Hungarn, Böheim, Dalmatien, Kroatien, Slavonien; Königin, Ertz-Herzogin zu Oesterreich …*" (eine halbe Seite weiterer Titel) „*Es ist Uns unter den 17.* (? nächste Zahl unlesbar) *aus dem Königreich Hungarn einberichtet worden, daß in verschiedenen Comitaten, besonders in dem Presburger und Neitraer ersagten Königreichs Hungarn eine Menge deren Heuschrecken wider alles Vermuten verspühret; jedoch auch alle Menschen-mögliche Mittel zu Ausrottung dieses Ungeziefers angewendet, hauptsächlich aber, wo dasselbe über Nacht liget und ruhet, und bevor es durch die Sonnen-Hitz Früh-morgends zu fliegen in Stand gesetzet, mit Stroh überstreuet, solches angezündet, einfolglich hierdurch sothanes Ungezieferr, so viel immer möglich verbrennet werde.*"

Es folgt eine Erörterung darüber, dass man eine weitere Ausbreitung im „*Königreich Hungarn und den angrenzenden Ländern*" befürchten müsse und deshalb eine systematische Beobachtung erforderlich sei, damit man notfalls „*anderweite dienstsame Ausrottungs-Mittel ergreifen*" könne.

Ergänzt wird dies durch eine „*Beschreibung deren Anno 1747 und 1748 in der Wallachey, Moldau, und Siebenbürgen eingedrungenen Heuschrecken, und was zu derenselben Ausrottung für Mittel zu gebrauchen seyen*". Sie ist recht weitschweifig und soll deshalb hier referiert und nur in einigen Passagen zitiert werden. „*Primo:*

Wann und woher die Heuschrecken nach Siebenbürgen gekommen?" Die Herkunftsländer seien die Wallachei und Moldavien gewesen. Die Heuschrecken hätten die Gebirge über die Pässe überquert, „*wo auch die ordentlichen Land-strassen seynd*". „*Secundo: Zu was für einer Jahreszeit?*" Das sei im Monat August 1747 geschehen „*und zwar successive und Schwarm-weis*". Ein Schwarm sei drei bis vier Stunden in der Luft geblieben und so dicht gewesen, „*daß ihr Flattern und aneinander Rührung ihrer subtilen Flügeln ein kleines Geräusch gemacht. In der Breite hat sich der fliegende Schwarm etliche hundert Klafter in der Höhe aber viel höher extendiret, dergestalten, daß man den Himmel und die Sonne dadurch nicht hat sehen, ja wenn sie nahe an der Erde geflogen seynd, hat ein Mensch den andern, auch auf 20 Schritt weit nicht erkennen können*". Weil die Passstrecken sich lang hinzögen und zudem von Wasserläufen durchzogen wären, hätten die Schwärme „*keinen commoden Platz zum niedersitzen und zu ihrer Nahrung gefunden, so haben sie sich ziemlich ermüdet im offenen Land gegen Abend nach und nach auf die noch nicht ganz reiffe Sommerfrüchte, als Haber, Hirsen, und Türkischen Waitzen, darneben auch auf Wiesen und Sträuche sich niedergelassen*". Das sei dann der Zeitpunkt, zu dem man, bis zur Erwärmung am nächsten Tage, wo der Schwarm dann weiterfliegen könne, Gegenmaßnahmen ergreifen müsse.

Diese Berichte und Edikte sind höchst bemerkenswert; man merkt, dass eine neue Zeit angebrochen ist:

1.) Straff geführte Regierungen mit funktionierenden Verwaltungsapparaten betreiben Agrarpolitik.
2.) Es findet eine genaue Beobachtung des Geschehens statt, ja, es wird eine Art Überwachungsdienst organisiert.
3.) Man hat erkannt, dass es wirkungslos ist, gegen fliegende Schwärme anzukämpfen.
4.) Man hat ferner gelernt, dass die einzige Chance darin besteht, die Brutgebiete zu sanieren und die Heuschrecken dann zu bekämpfen, wenn sie sich, entweder in den flugunfähigen Larvenstadien oder während der nächtlichen Flugpause am Boden befinden.
5.) Die Anweisung, in den Brutgebieten flach zu pflügen (und durch zusätzlichen Schweineeintrieb eine Vertilgung der Frühstadien des Schädlings zu bewirken) zeigt, dass man wusste: in beackerten Flächen kommt keine Heuschreckenvermehrung auf. Entscheidend für die Massenentwicklung ist eine ausgedehnte Brache.

Auch, dass man den Geruchssinn der Schweine, ihre „Witterung", nutzte, um die Brutstätten aufzuspüren, mutet recht modern an.

Mit dem Rückgang der Brachflächen hängt es auch zusammen, dass die Zahl und Intensität der Heuschreckeninvasionen in Mitteleuropa im 19. Jahrhundert nach und nach abnahm und schließlich ganz erlosch. Das beruhte auf der landbaulichen Entwicklung: Seit Karl dem Großen war das in Mitteleuropa am weitesten verbreitete Ackerbausystem die Dreifelderwirtschaft, mit der Abfolge Wintergetreide, Sommergetreide, Brache, wobei die Brache der Erholung der Böden vom reinen Halmfruchtanbau dienen sollte. Ein Drittel der gesamten Ackerbaufläche lag also, wenn auch in ständigem Wechsel, brach. Sie bildete, zusammen mit anderen unbestellten oder nur sehr extensiv genutzten Flächen, wie einem Teil der Allmenden, ein enormes Potential an Brutbiotopen für die Heuschrecken. Hier trat seit dem Ende des 18. Jahrhunderts ein allmählicher Wandel ein: Die Einführung des Kartoffelbaus bescherte nicht nur der Ernährungswirtschaft ein zusätzliches Grundnahrungsmittel, sondern auch dem Ackerbau eine Blatt- und Hackfrucht, die sich in eine „verbesserte Dreifelderwirtschaft“ einbauen ließ. Zudem begann man, das Vieh jetzt auch im Sommer einzustallen. Das wurde dadurch möglich, dass der Feldfutterbau mit Klee und Futterrüben an die Stelle der Brache trat. Der Dung aus den Ställen wurde auf die Felder gebracht. Später trat noch die Zuckerrübe als weitere Blatt- und Hackfrucht hinzu, sodass damit eine vielfältige Fruchtfolge die bisherige Brache vollständig ersetzen konnte. Das Drittel der Ackerfläche, das diese über Jahrhunderte eingenommen hatte, stand jetzt der Nahrungsmittelproduktion zur Verfügung, mit dem Nebeneffekt einer ökologischen Veränderung, die der Heuschreckenvermehrung die Basis entzog. Nimmt man hinzu, dass das Mittelalter und teilweise auch das 18. Jahrhundert eine Reihe von Wärmeperioden aufwies, während das 19. Jahrhundert im Durchschnitt eine relative Abkühlung brachte, dann wird verständlich, dass das Heuschreckenproblem für Mitteleuropa seit etwa 150 Jahren der Vergangenheit angehört. So scheint es jedenfalls.

In Afrika bleibt die Bedrohung unvermindert bestehen. Zwar müsste es zu Katastrophen heute nicht mehr kommen. Zahlreiche nationale, regionale und internationale Organisationen mit hervorragenden Experten haben strategische Konzepte entwickelt, mit denen die Gefahr jeweils im Keime erstickt werden könnte. Die Landwirtschaftsorganisation der Vereinten Nationen (Food and Agriculture Organization of the UN, FAO) mit Sitz in Rom hat ein Desert Locust Control Committee gebildet, das seit Jahrzehnten alle wissenschaftlichen, technischen und organisatorischen Anstrengungen koordiniert. Ausreichende Geldmittel stehen zur Verfügung, die Verfahren sind so perfektioniert, dass ein wirksames Eingreifen jederzeit möglich wäre. Die Brutgebiete werden mit Satelliten überwacht, die den Zeitpunkt des Schlüpfens der ersten, flugunfähigen Stadien, der „Hüpfer“, stundengenau melden können. Diese Larvenstadien formieren sich zu einer breiten Front, einem nur wenige Zentimeter tiefen aber oft kilometerbreiten Band, das hüpfend, also nur langsam nach Westen vorrückt. Die Brutgebiete sind die gleichen geblieben wie seit biblischen Zeiten: Das „Horn von Afrika", Eritrea, Äthiopien, Somalia.

Diese Zeitspanne vom Schlüpfen aus dem Ei bis zur Metamorphose zum Vollinsekt, also die Larvenentwicklung, beansprucht rund vier bis fünf Wochen. Je jünger die Tiere sind, desto konzentrierter sind sie formiert. Je prompter also Gegenmaßnahmen eingeleitet werden können, desto wirksamer sind sie. Es bedarf dann eines generalstabsmäßig organisierten Teams von Flugzeugstaffeln, die das dann noch relativ schmale Band der Hüpfer mit geeigneten Insektiziden einsprühen können und am Boden operierender Einsatzkräfte, die die Maschinen teils dirigieren, teils mit Sprühgeräten versprengte oder isolierte Herde bekämpfen. Es ist vielfältig bewiesen, dass ein solches Vorgehen äußerst wirksam ist und Heuschreckenplagen ausschalten kann, ehe noch ein nennenswerter Schaden eingetreten ist. Leider sind die Verhältnisse nicht immer so. Denn die Gebiete, in denen die Schwärme entstehen, sind gleichzeitig zum Teil afrikanische Krisengebiete, in denen politische Unruhe herrscht und Kriege oder Bürgerkriege ausgetragen werden. Dann lässt man die Experten und Teams der UN nicht ins Land und sie müssen tatenlos mit ansehen, wie sich quasi unter ihren Augen Katastrophen großen Ausmaßes entwickeln, die beherrschbar gewesen wären. Der Entwicklungsrückstand der betroffenen Länder ist hierdurch gravierend mitverursacht und gehört zu den Gründen für Hunger, Verelendung und Migration.

Politische Konstellationen, die die wissenschaftlich, technisch und organisatorisch mögliche Eindämmung von Heuschreckenplagen behindern, sind nicht auf Afrika beschränkt. Im Juni 1999 fielen unvermutet im Süden Russlands riesige, von Kasachstan kommende Schwärme in das Gebiet zwischen Omsk im Osten und Wolgograd im Westen ein. In Kasachstan und der Wolgarepublik waren zusammen rund 10 Millionen Hektar Ackerland befallen, eine Fläche die größer ist, als das Gesamtgebiet Österreichs. Auf den teilweise sehr fruchtbaren Böden wuchsen neben den landwirtschaftlichen Hauptkulturen hochwertige, für die Volkswirtschaft und die Betriebe wichtige Nutzpflanzenarten, riesige Sonnenblumenfelder, Feldgemüse, Obstkulturen. Sie alle wurden so radikal aufgefressen, dass sich die Ernte nicht mehr lohnte. Ein Bauer sagte: „*Wenn man sich nicht wehrt, dann fressen die Tiere sogar feuchte Unterwäsche von der Wäscheleine.*" Die konnte man wenigstens noch rechtzeitig abhängen, aber ein wirksamer Schutz der Felder scheiterte an einer totalen Desorganisation. Abgesehen davon, dass es wohl an jeder Prognose gefehlt hat, die eine Bekämpfung der Kalamität im Frühstadium erlaubt hätte, scheinen den Berichten zufolge auch nach Aufkommen der Schwärme chaotische Zustände geherrscht zu haben. Noch hätte die Möglichkeit bestanden, die Schwärme während der nächtlichen Flugruhe am Boden mit geeigneten Insektiziden und Geräten zu bekämpfen. Aber offenbar hat es weitgehend an einer Koordination gemangelt. Die westlichen Journalisten, die hauptsächliche Informationsquelle für das damalige Szenario, berichteten, mal seien in den Dörfern mehr oder weniger fahrtüchtige Lastwagen mit ziemlich zufällig ausgewählten Pflanzenschutzmitteln angekommen, dann hätten aber Geräte zu deren Ausbringung gefehlt, mal seien auf Lastwagen aufgebockte Sprühgeräte angekommen, sie hätten aber keine Düsen gehabt. Und überhaupt: Ein großer Teil der Fahrzeuge sei auf den von Heuschreckenkadavern glitschig gewordenen Straßen von der Fahrbahn abgekommen und liegen geblieben, bei anderen habe sich der Kühlergrill so mit anprasselnden Heuschrecken zugesetzt, dass die Fahrzeuge deshalb stecken geblieben seien. Das sind sicher nicht die Voraussetzungen für einen wirksamen Katastrophenschutz und spielte sich im Jahre 1999 ab.

Aber man sollte bei uns nicht überheblich werden. Es ist eine Denkmöglichkeit, dass in Deutschland eine Rückkehr der Heuschrecken programmiert ist. Wir betreiben eine Agrarpolitik, die unter anderem eine Drosselung der Überproduktion zum Ziele hat. In deren Rahmen werden sogenannte Grenzertragsböden, also Flächen mit geringem Ertragspotential, stillgelegt. Für Flächen, die stillgelegt werden, gibt es Prämien, sodass der Landwirt sich ausrechnen kann, was ihm mehr bringt, der mögliche Gewinn aus der Bewirtschaftung dieser Standorte oder die Subvention für`s Nichtstun. Wir steuern also gezielt auf mehr Brache zu. Sollte es stimmen, dass wir gleichzeitig eine klimatische Erwärmung bekommen, dann bereiten wir Flugtickets für Heuschrecken vor. Hoffentlich wird das rechtzeitig bemerkt.

Heuschreckenmedaille aus dem Jahr 1693 in Erinnerung an eine Heuschreckenplage in Schlesien, entworfen von Johann Kittel.

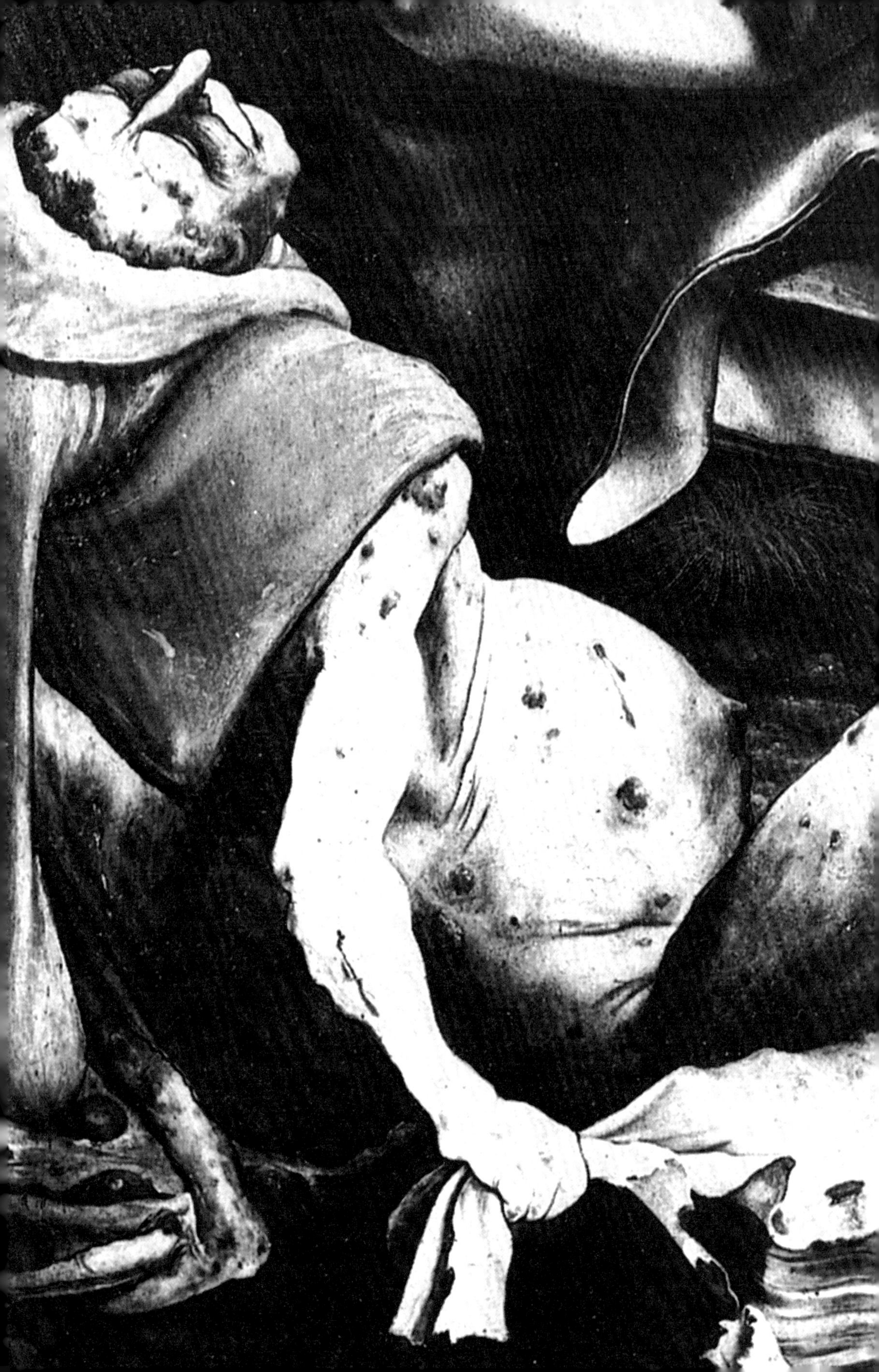

Eine Volksseuche, der Isenheimer Altar und das Scheitern des Zaren – Das Mutterkorn

Das „Klinische Wörterbuch für Mediziner“ von Pschyrembel schreibt in seiner Ausgabe von 2002 unter dem Stichwort „Ergotismus“: *„sog. St. Antoniusfeuer, Vergiftung mit Ergotalkaloiden oder Mutterkornalkaloiden aus Medikamenten und mit Secale cornutum befallenem Getreide. Symptome: Zyanose (blaurote Haut- und Schleimhäute infolge Abnahme des Sauerstoffgehaltes im Blut), Taubheitsgefühl, Gefäßkrämpfe, Absterben der Glieder (Gangrän), Spasmen auch an den Herz- und Nierenarterien, Lähmungen oder Kontrakturen der Muskulatur, vegetative Magen-Darmstörungen und zentralnervöse Symptome wie Kopfschmerz, Schwindel, Bewusstseinsstörungen, Krämpfe. Siehe Abbildung.“*

Und die Abbildung zeigt ein Detail aus einem Seitenflügel des berühmten Isenheimer Altars von Matthias Grünewald, das einen qualvoll leidenden Mann mit aufgetriebenem Leib und einer mit Schwären und Geschwüren übersäten Haut darstellt. Wie hängt das zusammen?

Das Mutterkorn ist ein parasitischer Pilz, der in Europa von alters her sporadisch an einigen Wildgräsern und Getreidearten vorkommt. Das beweist der Fund zweier Moorleichen aus der Eisenzeit, die in Dänemark vor fünfzig Jahren gefunden wurden, des Tollund- und des Graubalmenschen. Deren gut erhaltener Mageninhalt bestand aus roher pflanzlicher Kost, die aus Samen und Teilen von fünfzig verschiedenen Pflanzen zusammengesetzt war und in der auch das Mutterkorn nachgewiesen wurde.

Dieses hat einen komplizierten Entwicklungszyklus, der sich in einer Dauerform, dem sogenannten Sklerotium, manifestiert. Es entsteht dadurch, dass die Sporen des Pilzes in die Basis des Fruchtknotens eindringen, aus dem ein normales Korn hätte werden sollen. Stattdessen entwickelt sich ein monströses, braunschwarzes, hornförmig aussehendes Gebilde, eben das Mutterkorn, das denn auch den charakterisierenden lateinischen Namen *Secale cornutum*, der gehörnte Roggen, trägt. Damit ist ausdrücklich der Roggen als Wirtspflanze des Parasiten angesprochen. Das hat seinen Grund, denn an keiner der Gräserarten, zu denen ja die Getreide gehören, tritt der Pilz so massiv auf wie am Roggen. Und darauf beruht es auch, dass im Vergleich zur Jahrtausende alten Heuschreckenplage das Mutterkorn erst relativ spät eine historische Rolle zu spielen begann.

„Versuchung des Heiligen Antonius“, Flügeltafel des Isenheimer Altars (1500–1510, Matthias Grünewald). Der aufgeblähte Leib des Mutterkorn-Vergifteten ist mit Schwären übersät.

Zwar ist der Roggen eine sehr alte Kulturpflanzenart. Sein Anbau setzte sich aber erst im beginnenden Mittelalter in Europa durch. Vermutlich wurde diese relativ anspruchslose Getreideart während der Völkerwanderung von den in Südrussland siedelnden Germanenstämmen aus Skandinavien mitgebracht. Wildformen des Roggens kommen aber auch im Gebiet des Aralsees und des Kaspischen Meeres vor. Von dort hat sich der Anbau sehr langsam ausgebreitet und hat sich sehr lange westlich der Oder nicht durchgesetzt. Aber diese „neue" Ackerbaupflanze bot unübersehbare Vorteile. Der Weizenanbau fand seine natürliche Grenze am Südrand der nördlich-gemäßigten Klimazone und verlangte gute, nährstoffreiche Böden. Der Roggen gedieh auch unter rauherem Klima und auf ärmeren Böden, mit der Chance, ein Grundnahrungsmittel in Regionen zu werden, in denen zuvor nur relativ kümmerliche Erträge geerntet werden konnten. Sein Mehl war dunkler, feuchter und schwerer als Weizenmehl, aber dadurch war das Roggenmehl auch sättigender, und das wurde gebraucht. Man kann davon ausgehen, dass sich das neue Volksnahrungsmittel vom siebenten Jahrhundert an in Deutschland, Nordeuropa und Frankreich zunehmend durchgesetzt hat und die Grundernährung stellte: Brot, Brotsuppen, Grütze, Brei.

Und mit dem Roggen kam das Mutterkorn. Zwar sind die Ertragsausfälle, die der Pilz verursacht, begrenzt, und niemals haben sie Missernten oder eine Hungersnot verursacht. Aber der „gehörnte Roggen" bewirkte mit seinen Inhaltstoffen, den Mutterkornalkaloiden, Massenvergiftungen, die apokalyptische Dimensionen annahmen.

Die Pilzkörper wurden mit dem Roggen geerntet, ausgedroschen und vermahlen und waren damit untrennbar dem Mehl untermischt. Weder das Vermahlen, noch das Backen oder Kochen zerstört das Gift, und so gelangte es in ganzen Dörfern, Städten und Regionen in die Basisnahrung. Und was besonders ins Gewicht fällt: Niemand erkannte den Zusammenhang zwischen dem Mutterkorn und den Massenvergiftungen. Bei den Heuschrecken war die Sache klar: Sie fraßen die Felder auf, die Ernte fiel aus und es gab Hungersnöte. Woher die teuflische Krankheit kam, blieb für lange Zeit rätselhaft. Wohl gab es aufschlussreiche Beobachtungen, z.B. dass die Landbevölkerung und die ärmeren Bevölkerungsteile in den Städten stärker betroffen waren als die Wohlhabenden. Heutige Begründung: Wer reicher war, aß Weizenbrot, Weißbrot, und ernährte sich vielseitig. Aber es war nicht die Zeit der kausalen Analysen. War es, wie Armut, eine Strafe Gottes? Jedenfalls bekam die Krankheit einen Namen: „Heiliges Feuer", *(sacer ignis)*.

Das Auftreten der Mutterkorninfektionen lässt sich heute an den Berichten über die typischen Massenerkrankungen, natürlich nicht anhand epidemiologischer Studien an Getreidebeständen, sehr zuverlässig rekonstruieren.

Als gesichert kann ein Auftreten 834 im „Rheintal“ und 857 am Niederrhein gelten. In Deutschland wird seit der zweiten Hälfte des 10. Jahrhunderts bis 1347 im Durchschnitt alle vier bis fünf Jahre von Erkrankungswellen berichtet.

Für das „Frankenreich“ ist dokumentiert, dass im Jahr 994 das „*sacer ignis*“ 40.000 Todesopfer gefordert habe, 1129 waren es 14.000. Es ließen sich lange Listen erstellen. Aber, was auch immer die Ursache war, die Barmherzigkeit brach sich Bahn. Nachdem sich 1039 in Frankreich eine schwere Erkrankungswelle abgespielt hatte, gelobte Gaston de la Villoire, ein vermögender Adliger, ein Hospital zur Betreuung der Opfer in der Nähe von Vienne im Rhonetal bauen zu lassen und es dem Heiligen Antonius anzuvertrauen, dessen Reliquien dort aufbewahrt wurden. Der Antoniterorden übernahm diese Aufgabe. Die offenbar kaum erträglichen Schmerzen der gangränösen Patienten, der „ardents“, der Brennenden, wie sie genannt wurden, sollten, soweit es die damaligen Kenntnisse zuließen, gemildert werden, den Patienten wurde das Gefühl des hoffnungslosen Ausgeliefertseins durch persönliche Zuwendung, Pflege und Gebet genommen – und es wurde Weizenbrot gebacken. Ob die Mönche dies nur getan haben, um den Kranken das Bewusstsein einer guten Betreuung zu geben, oder ob sie geahnt haben, dass die Roggenernährung für ihren Zustand verantwortlich war, ist schwer zu entscheiden.

Sehr schwierig war zusätzlich, dass viele Patienten dem Wahnsinn nahe waren. Offenbar nicht nur als Reaktion auf die Schmerzzustände, sondern auch aufgrund halluzinatorischer Erscheinungen, die mit der Wirklichkeit nichts mehr zu tun hatten. Ist das Besessenheit, ist der Teufel im Spiel? Und wie reagiert ein frommer Mönchskonvent darauf?

Die Antoniter blieben ihrem karitativen Auftrag treu. Allein in Frankreich wurden nahezu 400 Klöster gegründet, die sich dieser besonderen Aufgabe widmeten. Als besonderes Merkmal wurde es üblich, dass sie alle, als Symbol des Feuers, rot angestrichen wurden und so der erkrankten Bevölkerung schon von weitem signalisierten, wo sie Hilfe finden könnte. Die Antoniter wurden damit so sehr mit dem Ergotismus, so der moderne Name der Krankheit, identifiziert, dass die Bezeichnung „Heiliges Feuer“ nach und nach dem Begriff „St. Antonius-Feuer“ wich.

Das alles ist, sozusagen brennlinsenartig, in einem kunsthistorisch unvergleichlichen Dokument festgehalten, vertieft und interpretiert. Das ist der Isenheimer Altar von Matthias Grünewald (Abb. S. 50), der heute im Unterlinden-Museum in Colmar steht. Man muss dazu wissen: Grünewald hat diesen Altar 1500 bis 1510 im Auftrag des Antoniterordens geschaffen. Er musste sich unmittelbar auf die damalige Kernaufgabe der Mönche beziehen. Daher die geradezu klinisch genaue Darstellung des Kranken, die noch einem heutigen Medizinlexikon zur Symptomdarstellung dient. Aber man sollte dies wohl nicht als Detaildarstellung abtun, vielmehr muss man den Gesamtzusammenhang sehen: Auf dem gleichen Altarflügel die geradezu halluzinatorischen Schilderungen der Qualen mit ihrer Dämonie. Darüber aber das Gesamtkonzept des Werkes: Das christliche Heilsgeschehen mit Kreuzestod und der unübertroffenen Meisterschaft, mit der die Auferstehung gemalt ist.

Die Mönche konnten in einem gewissen Rahmen ihren Patienten helfen – die Ursachen konnten sie nicht ausschalten. Und so sind die Chroniken bis weit ins 18. Jahrhundert und bis zum Beginn des 19. Jahrhunderts voll von bisweilen drastischen Schilderungen über die Auswirkungen der Volksseuche.

Sie hat aber darüber hinaus auch unmittelbar historische Abläufe bestimmt. Das war 1722. Peter der Große verfolgte eine Politik, die Russland modernisieren und im internationalen Machtgefüge stärken sollte. Dazu gehörte, dass er einen Zugang zu den Weltmeeren brauchte. Das musste im Norden über die Ostsee geschehen, wobei er sich gegen Schweden durchsetzte, im Süden wollte er über die Dardanellen sein Reich dem Mittelmeer öffnen. Dafür war ein militärischer Sieg über die Türken erforderlich, um sie zunächst zum Abzug aus den Teilen der Ukraine und der Länder westlich des Schwarzen Meeres zu veranlassen, die sie damals beherrschten. Für dieses groß angelegte Unternehmen zog der Zar seine Armee in Astrachan im Bereich des Wolgadeltas zusammen. Die Armee wurde, wie üblich, aus dem Lande verpflegt. Eine wesentliche Grundlage dafür war der Roggen, mit Stroh und Körnerfutter für die Pferde und Roggenmehl für die Truppe.

Ende August 1722 verendete in diesem Heerlager zunächst ein Pferd unter unerklärbaren Gleichgewichtsstörungen, gleichzeitig starb ein Soldat unter schrecklichen Begleiterscheinungen. Bereits am nächsten Tag brachen einhundert weitere Pferde mit Lähmungserscheinungen zusammen. Danach ereignete sich eine unvorstellbare Massenvergiftung bei den Soldaten; die Pferde starben reihenweise. Bis zum Herbst fanden in und um Astrachan 20.000 Soldaten den Tod, ungezählte Pferde kamen um.

Das war eine Mutterkornepidemie von historischer Dimension. Denn der Zar musste den Feldzug abbrechen, und es ist Russland auch späterhin nie gelungen, sich einen freien Zugang vom Schwarzen Meer zum Mittelmeer zu verschaffen. Und doch hatte sich schon ein neues Zeitalter angebahnt, das des naturwissenschaftlich-analytischen Denkens. Beispielhaft dafür steht der französische Landarzt Dr. Thuillier, der zahllose am „St. Antoniusfeuer“ erkrankte und gestorbene Patienten betreut hatte. Er stellte auch heute noch geradezu modern anmutende epidemiologische Studien an, die er 1670 zusammenfasste. Er kam zu folgenden Schlüssen:

1.) Die Krankheit war, anders als Pest und Cholera oder Blattern, nicht ansteckend. Denn sie trat zwar in ganzen bäuerlichen Familien auf, bei ihren Nachbarn, mit denen sie in regem Kontakt standen, aber nicht. Gesunde, die Kranke betreuten, erkrankten nicht, z.B. die Mönche in den Hospitälern.

2.) Es bestätigte sich, dass wohlhabende Städter weniger betroffen waren als arme Bevölkerungsschichten und die Landbevölkerung.

3.) Die Folgerung daraus lautete, dass die Ursache im Lebensumfeld der Menschen liegen musste, also wahrscheinlich an unterschiedlichen Nahrungsgewohnheiten oder der Zusammensetzung der Nahrung.

Da gab es ganz sicher Unterschiede zwischen armen Städtern und Dorfbewohnern. Rätselhaft blieb also, warum benachbarte bäuerliche Familien unterschiedlich stark betroffen waren. Da sich damals jeder Bauer weitgehend autark versorgte, also mit seiner Familie von selbst erzeugten Produkten lebte, musste das an der Qualität der jeweiligen Erntegüter liegen. Es lag wegen des Weißbrotkonsums in den Städten und der Roggenbroternährung auf dem Lande ohnehin nahe, dass hier der Schlüssel zu suchen war, also inspizierte Thuillier die Roggenfelder der einzelnen Bauern und stellte fest, dass der auffälligste Unterschied in einem unterschiedlich starken Befall mit Mutterkorn bestand. Als Arzt wusste er, dass vermahlenes Mutterkorn, in geringer Dosierung ein pharmazeutisch benutztes Hilfsmittel war. So lag der Schluss umso näher, dass Überdosierungen Vergiftungen verursachen könnten. Thuillier gab damit erstmals eine schlüssige Begründung dafür, dass die seit Jahrhunderten wütende Volksseuche auf dem Mutterkornbefall des Roggens beruhte. Wie manche bahnbrechende Erkenntnis blieb auch diese für sehr lange Zeit ohne Wirkung. Dennoch bleibt die imponierende Leistung dieses Landarztes, der scharf beobachtete, analytisch dachte, darauf aufbauend Folgerungen zog und daraus wiederum neue fruchtbare Fragestellungen ableitete, die zu schlüssigen Erkenntnissen führten, ein Meilenstein der Wissenschaftsgeschichte. Das wissenschaftliche Bild komplettierte sich allmählich. So verfasste z.B. 1699 Christian Hellwig ein „*Sendschreiben wegen des sogenannten Honigtaues, welcher sich an dem Korn sehen lassen, und Mutterkorn hervorgebracht*". Er bezeichnete diesen „Honigtau" als „*bösen, gefährlichen von verdorbenen Säften herrührenden Schweiß*". Es ist äußerst bemerkenswert, dass dieser Autor die klebrigen Tropfen, die er an Roggenähren beobachtet hatte, mit dem Mutterkorn in Verbindung gebracht hat. Denn erst viel später, nach 1853, wurde der Entwicklungszyklus dieses Getreidepilzes aufgeklärt, wobei sich herausstellte, dass der Honigtau nicht etwa eine Ausschwitzung des Roggens war, sondern dass es sich um eine Nebenfruchtform des Pilzes handelt, die eine immens große Zahl von Sporen enthält, welche für die Weiterverbreitung der Infektion, z.B. durch Insekten, sorgen.

Eine solche detailgenaue Aufklärung komplizierter biologischer Zusammenhänge war erst im 19. Jahrhundert möglich, in dem man über leistungsfähige Mikroskope verfügte, das verfeinerte Handwerkszeug für mikrobiologische Untersuchungen mehr und mehr entwickelte, einen Begriffsapparat schuf, der es erlaubte, neue Beobachtungen und Entdeckungen in ein System zu bringen und vor allem, als Folge der Aufklärung, den Naturwissenschaften zum Eigenleben verholfen hatte. In die Reihe der Forscher dieser neuen Wissenschaftler-Generationen gehört Louis René Tulasne, der 1853 bewies, dass das Mutterkorn keine „Entartung“ der Roggenähre, sondern eine parasitische Pilzkrankheit ist. Er nannte den Pilz „*Claviceps purpurea*“, den „purpurnen Keulenkopf“, was eine poetische Überhöhung ist, denn die Dauerform des Pilzes ist eher braun-schwarz als leuchtend rot gefärbt. Tulasne und weitere Generationen von Mykologen, das sind Forscher, die sich mit der Biologie von Pilzen befassen, klärten den jährlichen Zyklus immer genauer auf, in dem die Entwicklung des Pilzes abläuft. Er ist kompliziert und ein Horror für alle Studenten, die sich ihn einprägen müssen, ohne eine eigene Anschauung von seinem Verlauf gewonnen zu haben. Das läuft vom Sklerotium über Perithecien, Asci, Ascosporen, Myzelbildung, honigtaubildenden Konidien zur blühenden Ähre bis wieder zum Sklerotium. Wahrhaft schwer auswendig zu lernen, mit allen Übergangs- und Zwischenstufen dazu. Aber alles das wurde nach und nach aufgeklärt und trug dazu bei, dass Massenvermehrungen kaum mehr vorkamen, nur gelegentlich gab es noch einzelne Erkrankungsfälle.

Ein völlig anderer Faktor hat aber eine entscheidende Rolle für das allmähliche Verschwinden des Ergotismus gespielt. Das war der zunehmende Kartoffelanbau. Die neue Knollenfrucht löste den Roggen als Grundnahrungsmittel geradezu ab oder drängte ihn doch wenigstens auf den zweiten Platz. Das bedeutete schon für sich allein eine wesentliche Minderung des Vergiftungsrisikos. Aber auch die ackerbaulichen Konsequenzen waren bedeutsam, denn den Bauern stand damit eine Blattfrucht zur Verfügung, mit der die reine Getreidefruchtfolge aufgelockert werden konnte. Das half, die Infektionskette zu unterbrechen, weil ja nun nicht mehr in kurzen Abständen Roggen nach Roggen auf dem gleichen Feld angebaut wurde. Zudem musste bei jeder Feldbestellung tief umgepflügt werden, so dass die Überwinterungsstadien des Pilzes tiefer im Boden vergraben wurden und so ihre Keimfähigkeit einbüßten, bis der Acker das nächste Mal mit Roggen bestellt wurde.

Die Einführung der Kartoffel erwies sich also als großer Segen. Zwar war sie ja anfänglich auf große Skepsis gestoßen. Denn der niederdeutsche Spruch: „*Wat de Buer nich kennt, dat freet he nich*“ bewahrheitete sich, und man sagte der Kartoffel alle möglichen ungünstigen Auswirkungen nach. Solche Bedenklichkeiten hatte sogar noch Dr. Thuillier gehegt. Jedenfalls bezog er in seine epidemiologischen Studien die Möglichkeit ein, dass solche Bauern, die es damals schon gewagt hatten, Kartoffeln anzubauen, besonders von der Krankheit betroffen sein könnten. Die Tatsache, dass der Ergotismus aber schon lange aufgetreten war, bevor es in Europa Kartoffeln gab, hatte ihn dann in seiner Hypothese bestärkt, dass die Ursache beim Roggen zu suchen sei.

Nun aber, im 19. Jahrhundert, wusste man recht genau über die Zusammenhänge Bescheid. Damit konnte man auch direkte Abwehrmaßnahmen einleiten. Dazu gehörte, dass man Reinigungstechniken entwickelte, um das Mutterkorn von den Roggenkörnern abzutrennen. Es reichte nicht aus, nur mit Sieben zu arbeiten, aber es erwies sich, dass eine Sole aus etwa 30 % Kochsalz und Wasser in einer Art Schwemmverfahren die Mutterkörner ablöste. Weil sie leichter sind als das Korn, schwimmen sie dann an der Oberfläche und können abgeschöpft werden. Besonders wichtig war und ist es, das Saatgut frei von infektiösem Material zu halten. Es war ein weiterer wesentlicher Schritt, dass man durch Saatgutbeizung pilzfreies Ausgangsmaterial für gesunde Ernten gewährleisten konnte. Man versteht darunter eine Imprägnierung der Saatkörner mit pilztötenden oder pilzabweisenden chemischen Verbindungen, die das Korn selbst und die frühen Wachstumsstadien des Getreides vor Befall schützen. Saatgutfirmen verwenden heute zudem optische Ausleseverfahren, mit denen die dunklen Mutterkörner aus der Menge der helleren Getreidekörner herausgefischt werden. Damit werden die nun herrschenden, strengen gesetzlichen Auflagen fast durchgängig erfüllt. Für den menschlichen Verzehr bestimmter Roggen darf nach den EU-Richtlinien höchstens 0,05 Gewichtsprozent Mutterkorn enthalten.

Eine Jahrhunderte alte Volksseuche kann damit als besiegt gelten – sofern man aufpasst. Geschieht das nicht, so kann sie z.B. als Folge politischer Spannungen oder von kriminellen Nahrungsmittelskandalen jederzeit wieder aufflackern. So hat es 1926/27 in Russland noch einmal eine Massenerkrankung gegeben, die 10.000 Menschen erfasst hat, mit einer unbekannten Zahl von Todesopfern. Die Informationen hierüber sind unvollständig geblieben.

Einem kriminellen Akt mit Hunderten von Vergiftungen fielen 1951 die Bewohner von Pont St. Esprit in der Provence zum Opfer. Ein Bauer im Zentralmassiv – also weit im Norden – hatte mit Mutterkorn schwer verseuchten Roggen geerntet und ihn an einen befreundeten Müller weitergegeben, der ihn vermahlen und mit größeren Partien Weizenmehl untermischt hat. Beide wussten von der Gefährlichkeit des Produkts, nahmen aber an, dass durch die Verdünnung mit Weizenmehl kein größerer Schaden eintreten würde. Das Mixtum wurde dann, möglichst weit entfernt, als dunkles Weizenmehl in die Provence verkauft und landete offenbar hauptsächlich in Pont St. Esprit, wo es verbacken wurde und – da die Alkaloide durch den Backvorgang nicht zerstört werden – die Massenvergiftung auslöste. Bemerkenswert ist, dass die diagnostische Aufklärung auf Schwierigkeiten stieß: Das Krankheitsbild war in Vergessenheit geraten, weil es seit über hundert Jahren verschwunden war, so dass die ansässigen Ärzte zunächst offenbar ratlos waren und erst die Einschaltung der Gesundheitsbehörden in Marseille Aufklärung brachte. Das Drama hat sich innerhalb von zwei Wochen, beginnend am Montag, dem 14. August 1951, abgespielt, mitten in Europa und noch nicht so lange her.

Aber nicht nur deshalb ist die Geschichte des Mutterkorns noch keineswegs abgeschlossen. Denn der Pilz hat auch, was von alters her bekannt ist, eine nennenswerte pharmakologische Bedeutung.

Der Name Mutterkorn leitet sich ja davon ab, dass der Pilzkörper, dosiert verabreicht, in der Geburtshilfe verwendet wurde. Der Wirkstoff, der Uteruskontraktionen hervorruft, war als Mittel zur Anregung der Wehen bekannt und spielte nicht nur in der Volksmedizin eine Rolle, sondern auch in der professionellen Heilkunde. Aus den gleichen Gründen wurde der Pilz auch als Abortivum genutzt, oft – wegen der schwer einzuschätzenden Dosierung – mit beträchtlichen Nebenwirkungen oder fatalen Folgen.

Schließlich hat die krampflösende Wirkung einiger Mutterkornalkaloide eine pharmakologische Verwendung bei Präparaten gegen schwere Kopfschmerzen vom Migränetypus gefunden. Es versteht sich geradezu von selbst, dass Naturstoffe mit einem so hohen physiologischen Wirkungspotential die pharmazeutische Forschung interessieren. Solche Forschungen begannen 1918 und wurden seit 1935 intensiviert, nachdem es zunehmend gelang, die Einzelkomponenten des komplexen chemischen Naturproduktes zu isolieren. Namentlich die Firma Sandoz in Basel nahm sich dieser Fragestellung an. Daraus resultierte zunächst das Derivat Ergonovin, das als hervorragendes Mittel gegen schwere Blutungen in der Geburtshilfe galt. Bis 1950 waren 20 Komponenten des Mutterkorns untersucht worden, die alle mehr oder weniger starke Wirkungen auf den menschlichen Organismus hatten. Manche davon wurden in Medikamente umgesetzt.

Im Zuge dieser Untersuchungen stellte 1938 in den Laboratorien der Sandoz AG der Chemiker Dr. Albert Hoffmann ein Alkaloid, das er aus dem Mutterkorn isoliert hatte, rein dar und experimentierte damit. Es war das Lysergsäurediäthylamid. Auf dem Heimweg vom Labor mit dem Fahrrad überfielen ihn heftige Halluzinationen, die erst nach Stunden – folgenlos – abflauten. Am nächsten Tag nahm Dr. Hoffmann mit seiner Substanz, Laborkurzbezeichnung LSD, einen kontrollierten Selbstversuch vor, wiederum mit der Folge wilder Halluzinationen, Farberscheinungen, dem Gefühl einer Sinneserweiterung und danach einem Umschlag in Todesangst und Panik. Auch das blieb aber folgenlos.

Damit war die Droge LSD entdeckt. Es war folgerichtig, dass die Forschung versuchte, die Entdeckung für weitere Problemlösungen zu nutzen. In der Tat wird dadurch, dass LSD eine zeitlang zur Modedroge wurde, überdeckt, dass die Verbindung in der Aufklärung und Therapie der Schizophrenie eine Rolle gespielt hat, in minimalen Dosierungen bei Depressionen verabreicht wird und andere psychotherapeutische Anwendungsbereiche gefunden hat. Wenn man sich entsinnt, dass die alten Symptombeschreibungen der Vergiftungen fast stets von Wahnvorstellungen der Patienten berichten, dann schließt sich hier der Kreis.

Er schließt sich auch in anderer Beziehung: Heute unterhalten die forschenden Unternehmen streng abgegrenzte und überwachte Roggenfelder, an deren Ähren das Mutterkorn künstlich infiziert und später getrennt geerntet wird, denn man braucht ja einen zuverlässigen Nachschub an Analysenmaterial.

Und in neuerer Zeit, in den Jahren nach 1960, traten bei uns wieder Ergotismusfälle auf. Als die medizinischen Zeitschriften darüber berichteten, war dem zunächst eine ähnliche Ratlosigkeit vorausgegangen, wie 1951 in Pont St. Esprit in der Provence: Die Symptome passten in kein geläufiges Diagnoseschema. Die Ursache, die sich nach der Aufklärung herausstellte war stets: Ökomüsli aus selbstgeschrotetem Roggen aus Bioanbau, das Saatgut folglich ungebeizt und wegen Ab-Hof-Verkaufes auch keiner greifenden Lebensmittelkontrolle unterworfen.

In dieser Zeit konnte man auf den Wochenmärkten an den Bio-Ständen Roggenpartien bewundern, die in einer handvoll Körner 2-3 Mutterkörner lieferten. Und die verbürgte Antwort eines Anbieters in Freiburg: „Was die Natur macht, kann doch net schlecht sein.“ Jetzt wissen wir`s also! Und eine Biofrau auf dem Viktualienmarkt in München auf die Frage, ob sie wisse, dass soviel Mutterkorn Fehlgeburten auslösen könnte, „Ja döswegen kaufen`s doch die Mädel.“ Und jetzt wissen wir`s ganz genau.

Mutterkorn: Dauerstadien (Sklerotien) an Roggenähren.

Drei Transatlantiker – Die Kartoffel, die Kraut- und Knollenfäule, der Kartoffelkäfer

Keine zweite fremdländische, in der Neuzeit nach Europa verbrachte Kulturpflanze hat sich derart erfolgreich „eingebürgert" wie die Kartoffel. Sie ist nicht nur in vielen Ländern zum Grundnahrungsmittel geworden – so dass Krisen im Kartoffelbau gleichzeitig zu Ernährungskrisen werden konnten – sie hat auch geholfen, die Ackerbausysteme mit ihren Fruchtfolgen variationsreicher auszugestalten. Die Akzeptanz der Kartoffel ist so groß, dass ihre exotische Herkunft überhaupt nicht mehr empfunden wird; ja sogar ihre Benennung, die eigentlich auf eine anfängliche Hilflosigkeit gegenüber diesem schwer einzuordnenden Gewächs schließen lässt, wird im Deutschen nicht als Lehnwort, sondern als normaler Sprachbestandteil betrachtet. Und dies, obwohl die Kartoffel erst seit dem 16. Jahrhundert über den Atlantischen Ozean zu uns gekommen und seit kaum 250 Jahren, nämlich seit etwa 1770, zum Volksnahrungsmittel geworden ist. Die erstaunliche Knolle stammt aus Südamerika. Die Sorten, die zuerst nach Europa gelangten, haben ihren Ursprung in Peru und Venezuela. Als die Spanier den Kontinent eroberten, lernten sie den Kartoffelbau bei den Indios in Peru kennen und brachten eine Mustersendung der Knollen an den Hof Philipps II. Das waren offenbar rotschalige Sorten, die große, violette Blüten hatten. Man schrieb den Kartoffeln eine gewisse Heilkraft zu, weshalb Philipp II. dem erkrankten Papst Pius IV. 1565 einige Exemplare davon übersandte. In England kam die neue Rarität erst etwas später durch zum Teil etwas abenteuerlustige Seefahrer an: Francis Drake, Walter Raleigh oder den Sklavenhändler John Hawkins. Sie brachten Landsorten mit, die aus Venezuela stammten, gelbschalig waren und weiße oder violette Blüten hatten. Aber die Knolle blieb doch recht lange eine Kuriosität. Sie wurde als Geschenk zwischen den Fürstenhöfen ausgetauscht und von Naturwissenschaftlern, Ärzten und Apothekern in Gärten gezogen, belegt 1587 aus Breslau, 1588 aus Nürnberg und 1590 aus den Gärten des Landgrafen Wilhelm IV. von Hessen-Darmstadt. Dieser Landesherr ist insofern eine interessante Adresse geblieben, als er Briefe geschrieben hat, in denen die neue Errungenschaft erstmals als „Taratouphle" bezeichnet wird. Das ist bemerkenswert, denn der Exote war zwar da, aber wie hieß er eigentlich? Die ursprüngliche Bezeichnung der Inkas in Peru hieß „papas", wovon sich später „batate" ableitete, ein Wort, das heute eigentlich für die Süßkartoffel benutzt wird. Aber es stand Pate für das Englische

Abb. links: Die große irische Hungersnot – Kinder suchen den Acker nach letzten, noch essbaren Kartoffeln ab: Illustrated London News, 1847

„potato". Der Weg zur „Kartoffel" war komplizierter. Zuerst galt es ja, zu umschreiben, worum es sich handelt, und für Geschenke zwischen Würdenträgern benutzte man dazu das Lateinische. Es war zweifelsfrei eine „terrae tuber", eine Erdknolle. Aber genau das war ja die (edlere) Trüffel auch, deren Namen sich von der gleichen lateinischen Wortkombination ableitet. Und das ergab Verwechselungsprobleme. Die neue „*tuber terrae*" wurde nach und nach zur „Tartuffel" und ab 1742 ist „Cartoufle" belegt. Von da war es nicht mehr weit bis zur „Kartoffel".

Bei den Franzosen verlief es sprachlich viel einfacher. Die Knolle hieß und heißt „pomme de terre", Erdapfel. Und in der Tat ist dieses deutsche Wort in vielen Landstrichen noch heute die Bezeichnung für *Solanum tuberosum*, wie der wissenschaftliche Name lautet. Weitschauende Staatsmänner versuchten frühzeitig, das sättigende, stärkereiche, aber auch protein-, mineralstoff- und vitaminhaltige Produkt in die Volksernährung einzuführen. Wallenstein war von 1629 bis 1634 auch Herzog von Mecklenburg. In seiner Residenz, dem Schloss zu Güstrow, ist dokumentiert, dass er den Kartoffelanbau fördern wollte. Im Vergleich dazu haben die preußischen Könige den Gedanken relativ spät aufgegriffen, aber Friedrich II., dem Großen, gebührt der Verdienst, ihn durchgesetzt zu haben. Zwar hatte sein sonst eher rigoroser Vater, Friedrich Wilhelm I., der „Soldatenkönig", damit begonnen, per „Cabinetsordre" und Gratisverteilung von Saatkartoffeln einen Durchbruch zu erzielen, kam aber damit nicht recht voran. Vielleicht waren es erst die Folgen der Schlesischen Kriege mit ihren Notsituationen, Nahrungsmangel und Teuerungen, die letztlich den Weg für den Anbau frei machten. Vielleicht haben auch die ausgedienten Korporäle eine Rolle gespielt, die aufs Land geschickt wurden, um den Bauern beizubringen, wie die Kartoffel zu bewirtschaften, zu ernten und zu verwerten sei. Um diesen Komplex ranken sich viele Anekdoten und Geschichten, die wahrscheinlich zum großen Teil erfunden, aber bezeichnend sind. Denn die Skepsis der Bauern und der Bevölkerung war groß und es mangelte an allgemeiner Akzeptanz. Das lag nicht so sehr, wie es die Legenden überliefern, an einem passiven Widerstand gegen Neuerungen überhaupt oder an einer Dümmlichkeit der Bauern und der Verbraucher. Vielmehr muss man bedenken, dass die damals zu Verfügung stehenden Sorten nach heutigen Maßstäben ziemlich minderwertig waren. Die Knollen waren teils groß, teils klein, bizarr geformt und hatten tiefliegende, bis ins Innere des Erntegutes hineinreichende „Augen". Vor allem aber wird immer wieder berichtet, beim Verzehr stelle sich ein kratziger Geschmack im Mund und ein Brennen im Halse ein. Das weist darauf hin, dass in der frühen Anbauphase die Knollen, nicht nur die Blattorgane, Früchte und „Keime" der Pflanze einen relativ hohen Solaningehalt hatten.

Solanin ist ein Gift, das bei vielen Nachtschattengewächsen, zu denen die Kartoffel gehört, in verschiedener, recht komplizierter Zusammensetzung vorkommt. Es bildet sich unter Lichteinfluss auch in Kartoffelknollen, was man an grünen Verfärbungen der Schalen erkennt. Vielleicht wurde nicht sachgemäß gelagert, vielleicht enthielten die frühen Sorten auch wirklich noch eine höhere Konzentration des Wirkstoffes. Sie liegt heute unter 0,01 % und ist toxikologisch völlig unbedenklich. Aber 25 Milligramm Solanin rufen beim Menschen Vergiftungserscheinungen hervor. Pschyrembels „Klinisches Wörterbuch" beschreibt die Symptome: *„Brennen im Hals, Kopfschmerz, Mattigkeit, Bauchschmerzen, Erbrechen, Durchfälle usw."*. Tödliche Vergiftungen bei Erwachsenen sind nicht bekannt, bei Kindern liegt der lebensbedrohliche Wert bei 400 Milligramm. Eine so hohe Solanindosis kann nur vorkommen, wenn Kinder die grünen Früchte der Pflanze von den Stauden abpflücken und verzehren. Aber immerhin: Das „Kratzen im Halse" als ein erstes, mildes Symptom einer Solaninvergiftung lässt die zögerliche Haltung der Bevölkerung gegenüber der neuen, ihr nicht vertrauten Pflanze verständlich erscheinen. Man war damals wegen der ohnehin unzureichenden hygienischen Bedingungen an Magen-Darmerkrankungen gewöhnt, aber wenn sie im Zusammenhang mit dem Verbrauch von Kartoffeln verstärkt aufgetreten sein sollten, kann dies schon bewusst geworden sein. Das sind nachträgliche Spekulationen, aber sie erscheinen doch plausibel und es bedarf nicht der Lesebuchgeschichten, in denen erzählt wird, die Bauern, die nicht gewohnt gewesen seien, auch unter der Erde zu ernten, sondern nur genutzt hätten, was über der Erde wuchs, hätten die grünen Beeren der Kartoffeln gegessen, sich vergiftet und deshalb den Anbau abgelehnt. So dumm waren sie nicht, so schlecht können die „Cabinetsordres" und auch die als Landwirtschaftsberater eingesetzten „Corporäle" nicht gewesen sein, dass dies wirklich eine Rolle gespielt haben könnte. Außerdem war die Nutzung von Wurzelgemüse den Menschen schon immer vertraut. Möhren, Rettich, Sellerie, Zwiebeln, Radieschen *(von radix = die Wurzel)* gehörten zum Küchenzettel und die Erklärung, man sei nicht gewohnt gewesen in, sondern nur über der Erde zu ernten, beweist weniger Einsichtsvermögen, als der Bevölkerung des ausgehenden 18. Jahrhunderts zugetraut wird.

Sei es, dass man zunehmend gelernt hat, die geernteten Kartoffeln richtig zu lagern, sei es, dass man allmählich verbesserte Sorten ausgelesen hat, in den letzten Jahrzehnten des 18. Jahrhunderts und zu Beginn des 19. Jahrhunderts wurde die Kartoffel zum Volksnahrungsmittel in großen Teilen Europas, vor allem in England, Irland, Südskandinavien, Nord- und Ostdeutschland, dann in Osteuropa, also dem heutigen Polen und Russland.

Heute werden weltweit rund 18 Millionen Hektar mit Kartoffeln angebaut, davon fast 7 Millionen in den GUS, also den Nachfolgestaaten der früheren Sowjetunion, und 5,5 Millionen im übrigen Europa, davon fast die Hälfte in Polen. Der Rest verteilt sich auf alle anderen Erdteile. Und natürlich wird sie auch noch im Hochland von Peru angebaut, von wo sie seit den Zeiten der Inkas ihren Ausgang genommen hat.

Jede Pflanzenart ist immer auch ein Wirt für zahlreiche andere Arten, die von ihr leben. Man nennt diese dann Parasiten oder Schmarotzer. Deckt man ihnen den Tisch reichlich, so haben sie die besten Chancen, sich zu ernähren und massenhaft zu vermehren. Wird also eine zuvor relativ unbedeutende Pflanze in großem Stil als Nutzpflanze angebaut und gibt es vitale Stämme solcher Parasiten, dann können Epidemien kaum ausbleiben. Hierfür bietet der verbreitete Kartoffelanbau in Europa im 19. Jahrhundert ein drastisches Beispiel, das historische Auswirkungen gehabt hat.

Aus dem Heimatland der Kartoffel, aus Peru, wird schon im Jahre 1571 berichtet, es gäbe eine Fäulnis, einen Mehltau oder einen Brand, der dazu führe, dass die Kartoffeln verwelkten. Irgendwann muss der Erreger zusammen mit seinen „Wirtsknollen" die transatlantische Passage bewältigt haben. Es gibt keinen Anhalt dafür, wann, wo und wie das geschehen ist, auch keine auffallenden Berichte darüber, dass die Krankheit die Kartoffelernten ungewöhnlich beeinträchtigt habe. Das mag damit zusammenhängen, dass die Landwirte gewohnt waren, einen gewissen Anteil des Ertrages durch Befall mit Insekten oder Pflanzenkrankheiten zu verlieren. Dagegen konnte man nicht viel tun. Rund 20% Verlust wurden als normaler Tribut an solche Ursachen gewertet und fanden keinen Niederschlag in den Chroniken.

Erst um 1830 wurde die „Krautfäule" der Kartoffel in Europa bekannt. Sie blieb bis etwa 1845 „latent", wie man in der Fachsprache sagt, d.h. sie verursachte höchstens Schäden, die im üblichen Rahmen lagen. Aber dann änderte sich, offenbar aufgrund von Witterungsbedingungen, die eine explosionsartige Entwicklung des Pilzes extrem gefördert haben, die Situation in großen Teilen Europas dramatisch.

Besonders schwer war die Bevölkerung in Irland betroffen. Das hing mit der dominierenden Bedeutung zusammen, die der Kartoffelbau dort gewonnen hatte. Die noch relativ neue Ackerbaupflanze gedieh unter den klimatischen Verhältnissen dieses Landes besonders gut. Hinzu kam ein agrarpolitischer Aspekt: Grundbesitzer waren überwiegend in England lebende „landlords", die die Äcker an irische Bauern verpachtet hatten und zusätzlich hohe Abgaben vom Naturalertrag verlangten. Um diesem Druck zumindest teilweise auszuweichen und eine Grundlage für die eigene Ernährung zu gewährleisten, wich die Landbevölkerung auf die Kartoffel aus, deren unterirdisch wachsende Ernten schwer zu kontrollieren waren und der Abgabepflicht entzogen werden konnten.

Bis sich 1845 eine Katastrophe anbahnte, die plastisch im Bericht eines Zeitzeugen geschildert wird: Ein irischer Landpfarrer, Father Matthew, war auf dem Weg, die Bauernfamilien in seinem Sprengel zu besuchen. Das war Anfang September 1845. Da beobachtete der mit der bäuerlichen Lebenswelt eng verbundene Geistliche, dass das Kartoffelkraut zu welken begann. Die herrschende feucht-warme Witterung hielt an. Dadurch breitete sich die Fäulnis, die das Kraut ergriffen hatte, auf die Wurzeln und die Knollen aus. Das bedeutete, dass die Krankheit die Pflanzkartoffeln für 1846 schon hochgradig befallen hatte. Die Folgen hat Father Matthew so gesehen: *„Am 27. Juli versprachen die Kartoffelschläge von Dublin bis Cork in ihrer üppigen Blüte eine reiche Ernte, aber am 3. August war es eine riesige Einöde faulender Vegetation.“* Die „Kartoffelpest“, wie sie genannt wurde, hatte zugeschlagen, und das, was der Landpfarrer regional beobachtet hatte, geschah fast zeitgleich überall in Irland. Man wusste damals noch nicht, dass es sich um eine Pilzkrankheit handelte, aber die Symptomatik und der Verlauf der Epidemie sind so genau beobachtet worden, dass man heute noch rückblickend einschätzen kann, was sich ereignet hat. Der Befall 1845 hat offenbar erst relativ spät eingesetzt, etwa in der ersten Septemberdekade. Danach würde man heute den Verlust an der Ernte auf etwa 25 % beziffern. Das fiel noch nicht so stark auf, da die Ernte aufgrund der feuchten Witterung insgesamt gut ausfiel, so dass die Schäden nicht erheblich ins Gewicht zu fallen schienen. Aber bei der Lagerung, vor allem in den Kartoffelmieten, zeigte sich über Winter, dass ein hoher Anteil der Knollen faulte, was nicht nur beunruhigend war, sondern auch vermuten lässt, dass die Saatkartoffeln für 1846 stark infiziert waren. Der Frühsommer dieses Jahres war dann auffällig feucht-warm. Die Krankheit entwickelte sich rasch und explosionsartig. Nach der genauen Zeitpunktangabe von Father Matthew kann man heute rekonstruieren, dass 75 bis 90 % der Ernte verloren war. Der Bevölkerung war die Existenzgrundlage entzogen. Nicht nur, dass ihre wichtigste Nahrungsquelle ausfiel, sondern auch die Basis für ihr ohnehin schmales Einkommen. Schlimmer noch: Die Bauern konnten den sonst nach der Ernte fälligen Pachtzins nicht bezahlen und gerieten in ausweglose Verschuldung. Schuldner konnten nach der damaligen Gesetzgebung in „Arbeitshäuser“ eingewiesen werden, wo ihnen durch Aufträge der öffentlichen Hand, wie Arbeiten beim Hafenbau, in den Docks, beim Straßenbau oder in kommunalen Einrichtungen, Verdienstmöglichkeiten geschaffen werden sollten. Das mag unter normalen Verhältnissen leidlich sinnvoll gewesen sein, aber als Maßnahme gegen ein schicksalhaft in Not geratenes Heer von Schuldnern war es gewiss ungeeignet. Dennoch bestanden die Großgrundbesitzer darauf, das

Gesetz zu exekutieren. Die Folge war, dass die Arbeitshäuser unbeherrschbar überfüllt und auch nicht annähernd ausreichend zu versorgen waren. Die ausgepumpten, durch Hunger und Sorgen konstitutionell bis an den Rand geschwächten Familienväter – denn nur sie wurden ja kaserniert – hungerten also weiterhin und waren zudem unbeschreiblichen hygienischen Bedingungen ausgesetzt. Das betraf 84.000 Familien! Die Folgen konnten nicht ausbleiben: Cholera, Typhus, schwere Durchfälle. Außerdem: Wo die Familienväter in den Arbeitshäusern vegetierten oder starben, konnten sie zu Hause nicht für einen Mindestunterhalt ihrer zumeist vielköpfigen Familien sorgen – sofern diese noch zu Hause waren, denn die „landlords" bewegten sich im Rahmen der Gesetze, wenn sie die geschundenen Leute mit Polizeigewalt von Haus und Hof verjagen ließen.

Zwar lief die freie Presse Sturm gegen diese Unglaublichkeiten, und dem verdanken wir eine Unzahl zeitgenössischer Berichte über die damaligen Zustände in Irland, einschließlich der erschütternden Abbildungen, Zeichnungen und Holzschnitte, die ein Panorama von Siechtum und Sterben vermitteln. Manche Reportagen mögen journalistisch – sensationell überspitzt sein, zum Beispiel die von Müttern, die ihre Säuglinge aufgefressen hätten. Aber selbst, wenn man dies abzieht, bleibt genug Grauen übrig. Im Rückblick erscheint es begründet, die Horrormeldungen über Kannibalismus oder kriminelle Exzesse in dieser Schreckenszeit anzuzweifeln. Der Horror war ohnehin groß genug. Was vielmehr auffällt, ist die trotz aller Verzweiflung offenbar funktionierende Familien- und Nachbarschaftsstruktur. Die knappen Rationen wurden geteilt, die Eltern opferten sich bis zur Erschöpfung für ihre Kinder auf, und man beerdigte, wo es ging, seine Angehörigen so ordentlich und herkömmlich wie möglich. „*Erst kommt das Fressen, dann kommt die Moral*" – diese Drei-Groschen-Oper-Maxime hat sich dort und damals offenbar nur ausnahmsweise bewahrheitet.

Aber die Pressekampagne auf dem Höhepunkt der Not kam viel zu spät, denn die Bilanz sah so aus: 1845 hatten in Irland etwa 8 Millionen Menschen gelebt. Davon sind 250.000 Menschen buchstäblich verhungert, ungezählte weitere an Folgekrankheiten gestorben. Und zwei bis drei Millionen wanderten aus, überwiegend nach Amerika. Am Ende blieben drei Millionen Einwohner in Irland übrig, eine Dezimierung auf fast 40 %! Dabei spiegelt wohl kaum ein anderes Phänomen den Notstand so sehr wider, wie die hohe Emigrationsrate, denn um den Entschluss zur Auswanderung zu wagen, musste man bereit sein, alles hinter sich zu lassen, was mit der Heimat verband. Aber man musste auch relativ gesund sein – einschließlich der Familienmitglieder, die man mitnahm, wenn man konnte. Denn die Einwanderungsbestimmungen waren strikt, die Schiffseigner, die die Überfahrt anboten aber alles andere als redlich.

Die heutigen Medienberichte von überfüllten Booten, die unter krimineller Regie Flüchtlinge über das Mittelmeer nach Südeuropa zu bringen versuchen, erinnern bis ins Detail an die Schilderungen, die von den Auswandererschiffen von Irland in die Neue Welt gegeben werden: Hunger auch hier, Mangel an Trinkwasser, unglaubliche hygienische Verhältnisse, in der Folge Erkrankungen, noch dazu verstärkt durch Kleiderläuse, die sich massenhaft vermehrten, weil sich während der langen Überfahrt niemand waschen konnte. Viele Passagiere mögen auch schon Infektionskrankheiten mit aufs Schiff gebracht haben, die erst dort ausgebrochen sind. Und natürlich, wie bei den heutigen Bootsflüchtlingen auch, die „Unternehmer" hatten den Auswanderern das letzte Pfund und den letzten Penny aus der Tasche gezogen. Etwa 20 % starben in den Schiffen und wurden über Bord geworfen.

Nur zu verständlich, dass die amerikanischen Einwanderungsbehörden Quarantänestationen für die dubiosen Einwanderer einrichteten, zum Beispiel auf Long Island. Leider muss man sagen, dass die Lebensbedingungen dort, abgesehen von viel frischer Luft, nicht viel komfortabler waren als auf den Schiffen. Aber diejenigen, die es schließlich geschafft haben, haben bis heute nachwirkende, bedeutende Beiträge zur Entwicklung Nordamerikas geleistet.

Die Tüchtigkeit, der Überlebenswille, die Zuverlässigkeit und der Fleiß der Iren verschaffte ihnen recht bald einen guten Ruf und damit Beschäftigungsmöglichkeiten. Männer, die ihre Familien nicht hatten mitbringen können, konnten sie nachkommen lassen, was fast immer geschah, und recht bald bildete sich in den Staaten nicht nur ein enger Sippenzusammenhalt der irischen Volksgruppe aus, sondern auch ein Identitätsgefühl, das zwar das Aufgehen in der amerikanischen Gesellschaft nicht hinderte, wohl aber ein eigenes irisches Selbstbewusstsein wach hielt.

Der Aderlass, den das irische Mutterland erlitten hatte und das Trauma des „Great Famine" blieben lange, und vielleicht bis heute, wirksam. Irland blieb für mehr als 80 Jahre fast ein Synonym für Armut. Danach haben sich die wirtschaftlichen Verhältnisse allmählich und seit mehreren Jahrzehnten geradezu dramatisch verbessert.

Aber Traumata halten auch historisch oft lange an. Man muss annehmen, dass die bis in die Gegenwart hinein immer wieder aufbrechenden Aggressionen zwischen Protestanten und Katholiken in Irland, die dem Unbeteiligten so irrational und anachronistisch vorkommen, hier ihre Wurzel haben: Die irische Landbevölkerung war durch und durch katholisch. Der Protestantismus, d.h. die Anglikaner, galt als gleichbedeutend mit den englischen landlords, den Beamten, den Gerichtsvollziehern, den Staatsorganen, die die Bauern verjagt, kaserniert und in frühkapitalistischer Manier um ihre Existenz gebracht hatten. So etwas sitzt tief.

Und wenn Klischeebilder daraus werden („die Katholiken sind so", „die Protestanten sind so"), dann sind sie schwer ausrottbar, auch nach 160 Jahren noch nicht. Prägend, ja historisch bedeutsam ist aber auch der irische Bevölkerungsteil in den Staaten geworden. Er hielt nachhaltig eng zusammen und war biologisch kinderfreudig, konfessionell katholisch und politisch demokratisch. Alles zusammen hatte Folgen: Vor der irischen Einwanderung spielte die katholische Kirche im geistlichen Leben der USA eine eher untergeordnete Rolle, ist aber heute ein bemerkenswerter Faktor. Die Iren vermehrten sich kräftig und haben heute einen Bevölkerungsanteil von etwa 15% erreicht, wobei alle Amerikaner gezählt werden, die sich als irischstämmig fühlen. Sie sind katholisch und wählen die Demokraten. Die traditionell und fast geschlossene Stimmabgabe der Iren für Kandidaten der Demokratischen Partei hat in den USA schon manche Wahl entschieden, besonders natürlich dann, wenn es sich um aus Irland stammende Präsidentschaftskandidaten handelte. John F. Kennedy's Familie stammt aus Irland, ebenso die von Ronald Reagan, der allerdings Republikaner war, beider Vorfahren waren als Folge des „Great Famine" ausgewandert. Sie pflegten diese Tradition und haben die Dörfer, in denen ihre Vorfamilien gelebt haben, aufgesucht.

Zwei bedeutende amerikanische Präsidenten als Folge der Kartoffelepidemie ab 1845? Das ist eine bemerkenswerte historische Konsequenz von Missernten, die aber auch abgesehen von diesen Personalien Geschichte gemacht haben.

Zuverlässigkeit und Einsatzbereitschaft verschafften den amerikanischen Iren Zugang zu Berufen, in denen diese Eigenschaften besonders wichtig sind: Polizei- und Feuerwehrwesen. Noch heute sind die „cops", die Polizisten von New York, überwiegend irischstämmig, ebenso die „fire policemen". Das trat nach dem Terrorakt auf das World Trade Center vom 11.September 2001 erneut klar ins öffentliche Bewusstsein. Fast alle Feuerwehrleute, die bei diesem Extremeinsatz ihr Leben gelassen haben, waren irischer Abkunft.

In Europa aber hat die irische Hungersnot eine unmittelbare Folge von historischer Tragweite ausgelöst, nämlich den 1846 erfolgten Abbau der Schutzzölle für die Einfuhr von Agrargütern in das Vereinigte Königreich und damit das Entstehen einer ersten Freihandelszone, deren Sog sich andere europäische Länder nicht entziehen konnten. Die recht komplizierten politischen Zusammenhänge hat der englische Wissenschaftler C. B. Large 1946 zusammenfassend dargestellt. Unter den drei Stichwörtern „Corn Law", „Peel, Robert" und „Wellington, Arthur Wellesley, Duke of" liefert zudem „The American Peoples Encyclopedia" Detailaufschlüsse, die eine spannende Geschichte ergeben. Napoleons Kontinentalsperre (vgl. S. 144 ff.) hatte zur Knappheit von Agrarprodukten in England geführt, die Preise gingen in die Höhe. Davon profitierten die Grundbesitzer. Sie waren die einflussreichsten

Anhänger der Tory-Partei. Damals bildeten sich große Vermögen bei den Landeignern, die ja ein durch Importe nicht gestörtes Monopol besaßen. Dieses „goldene Zeitalter" war bedroht, nachdem durch den Sieg von Wellington und Blücher über Napoleon bei Waterloo die Kontinentalsperre fiel. Die Tories hatten die Mehrheit in beiden Häusern des Parlaments, und so wurden 1815 die „Corn Laws" verabschiedet, die hohe Schutzzölle auf Getreideimporte erhoben.

Damit begann eine Zerreißprobe für die Torypartei. Sie bestand ja nicht nur aus „landlords". Mit der sich entwickelnden Industrie – Tuche, Kohle, Metallverarbeitung – entstand eine neue, einflussreiche Schicht von Unternehmern. Diese waren in ihrer Grundeinstellung ebenfalls konservativ. Aber sie mussten daran interessiert sein, dass die Lebenshaltungskosten für ihre Arbeiter im Rahmen blieben, denn das war ja wichtig für die Lohnkosten. Nun stammte das Kapital für die Unternehmungsgründungen z. T. aus Anlagevermögen wohlhabend gewordener Grundbesitzer, teils waren die Firmengründer Erfinder oder geschickte Kaufleute oder beides. Die Interessenlagen begannen sich also zu verschieben, so sehr, dass über die „Corn Laws" eine Spaltung der Tory-Partei drohte. Es bildete sich eine „Anti-Corn-Law-League", die die Aufhebung der Schutzzölle und einen Freihandel verlangte. In diesem Kräftemessen spielte Sir Robert Peel eine wichtige Rolle. Er gehörte zu einer der führenden britischen Familien, genoss eine erstklassige Ausbildung, wurde schon mit 22 Jahren Unterhausmitglied und begann eine kometenhafte politische Karriere, die ihn durch alle Ressorts der Regierung führte. 1834 wurde er zum ersten Mal für kurze Zeit Premierminister, dann wieder von 1841 bis 1846. Er war durch und durch ein Tory, aber er erkannte, dass gerade das Interesse der Partei es verlangte, den Freihandel voranzutreiben und die Corn-Laws zu Fall zu bringen. Er drang nicht durch. Da ereignete sich in der Zeit seiner Regierung die irische Hungersnot. Während in Irland das nackte Elend herrschte, erzielten die „landlords" weiter hohe Gewinne. Aber England hatte sich durch die Schutzzölle in eine fatale Lage manövriert. Hilfslieferungen nach Irland, die Robert Peel anstoßen wollte, waren nicht möglich, da die britische Eigenproduktion für eine solche Aktion nicht ausreichte und zudem horrend teuer war. Gegen Importe hatte man sich abgeschottet. Ob das für den Premier lediglich ein willkommener Anlass war, die von ihm schon lange verfolgte Politik des Freihandels endgültig durchzusetzen, ob das politische Kalkül, dass man einen dauerhaften Konflikt mit den Iren verhindern müsse, ob humanitäre Gesichtspunkte im Vordergrund standen oder ob alle drei Gesichtspunkte zusammenspielten, mag offen bleiben.

Peel hielt eine flammende Rede im Unterhaus. Er rief aus: *„Mein Gott, können Sie ruhig in ihren Herrenzimmern sitzen und überlegen oder berechnen, was Men-*

schen an Diarrhoe, Blutstürzen und Unterernährung ertragen können, bis Sie es für nötig halten, sie mit Nahrung zu versorgen?" (*„Good God, are you to sit in Cabinet and consider and calculate how much diarrhoea and bloody flux and dysentery a people can bear before it becomes necessary for you to provide them with food?"*) Am 15. Mai 1846, auf dem Höhepunkt der Hungersnot, war es soweit: Das „Corn Bill", mit der die „Corn Laws" aufgehoben wurden, wurde im Unterhaus verabschiedet. Eine Klippe bildete nun noch die Zustimmung des Oberhauses. Dort war eine dominierende Figur der damals schon 77jährige Herzog von Wellington, der Held von Waterloo. Er war ultrakonservativ, selber ein Großgrundbesitzer und hatte sich stets gegen Tendenzen der Freihandelspolitik gestemmt. Aber nun beugte er sich den Argumenten seines fast 20 Jahre jüngeren Parteifreundes und brachte das Gesetz am 15. Mai 1846 im Oberhaus durch. Nicht ohne Bitterkeit. Denn er trat danach zurück mit der Bemerkung: *„Rotten potatoes have done it all; they put Peel in his damned fright."* (*„Das alles haben verfaulte Kartoffeln bewirkt; sie haben Peel zu seiner verdammten, widerwärtigen Entscheidung gezwungen."*)

Aber der Freihandel war nun eröffnet und erstreckte sich sehr bald nicht nur auf Agrarprodukte. Vielmehr brachten die guten Erfahrungen Ausweitungen auf andere Wirtschaftszweige. Großbritannien etablierte sich dauerhaft als führende Handelsmacht. G. B. Large kommentiert das so: *„Es war ein historischer Meilenstein, denn nun gab es unbegrenzte Möglichkeiten zu wirtschaftlichem Austausch. Dieser mikroskopisch kleine Pilz, der Erreger der Kartoffelfäule, hat also nicht nur die Hungersnot in Irland bewirkt, er öffnete darüber hinaus die Tore für Englands Goldenes Zeitalter."*

Nun konnten auch Hilfslieferungen nach Irland organisiert werden. Peel ließ Mais aus Amerika kommen. Der war billig und außerdem konnte er von der Regierung verteilt werden, ohne dass eine allzu heftige Opposition der Getreidelobby zu befürchten war. Zwar war den Iren dieses Nahrungsmittel unbekannt, aber sie lernten, daraus Brei – eine Art Polenta – und schließlich auch ein sehr gelbes Brot herzustellen, das ungewohnt, klinschig und nicht besonders schmackhaft, aber doch wenigstens sättigend war.

Die irische Katastrophe hat sich tief in das Erinnerungsvermögen zumindest der angelsächsischen Völker eingeprägt. Das verdeckt bisweilen die Tatsache, dass die Kartoffelseuche zeitgleich in ganz Europa ausgebrochen war und vielfältige Spuren hinterlassen hat.

Dafür gibt es auch literarische Spuren. Denn ein Zeitzeuge war der heute eher biedermeierlich wirkende schweizerische Dichter Jeremias Gotthelf (1797–1854), der das bäuerliche Milieu seiner Heimat in der ersten Hälfte des 19. Jahrhunderts schildert. In einer späten Erzählung „Käthi, die Großmutter" beschreibt er: *„Die Großmutter hörte im Dorf von der neuen Seuche an den Erdäpfeln, eilte nach Hause* *und beim Einnachten* (=Vorbereitung des Hofes für die Nacht) *hinaus auf das Feld, in der einen Hand das flackernde Windlicht, an der andern ihren Enkel Johannesli. Jetzt sah Käthi im Lampenschein die grause, schwarze Pestilenz an allen ihren Erdäpfeln, und es war ihr, als werde je mehr sie zünde, die Pestilenz immer schwärzer und grausiger. Da überwältigte der Jammer die alte Frau. Sie setzte sich an die Furche und weinte bitterlich.*" Und das Johannesli weinte mit ihr, nicht weil er verstand, was passiert war, sondern weil die Großmutter so traurig war. Auf eine Hungersnot als Folge weist für die Schweiz kein Beleg hin. Aber die Literaturstelle ist dennoch ein historisches Dokument. Sie zeigt, wie prägend und tiefgreifend dieser Einbruch auch für das europäische Festland war.

Nimmt man das Jahr 1848 als Fixpunkt für die Revolutionsstimmung in vielen europäischen Ländern und setzt das Steigen der Brotpreise als Folge des Ausfalls der Kartoffelernte damit in Relation, dann ergeben sich interessante Aspekte. Natürlich wäre es zu kurz gegriffen, das damalige Klima des Umbruchs in direkten Bezug zu der Kartoffelseuche zu setzen. Aber Revolutionen haben zur Voraussetzung, dass gesellschaftspolitische Konzepte entwickelt werden, die Überkommenes durch Neues ersetzen wollen, dass charismatische Personen solche Vorstellungen popularisieren und dass ein Nährboden der Unzufriedenheit in der Bevölkerung herrscht, der durch die Revolutionsführer genutzt werden kann. Hunger und hohe Lebensmittelpreise bilden allemal ein solches Substrat. Die Gründe für den fällig gewordenen Umbruch waren vielfältig. Nach der Aufklärung, der französischen Revolution und nach dem Sturz Napoleons versuchten die europäischen Fürstenhäuser in der sogenannten „Restauration" zu den Verhältnissen zurückzusteuern, die vor 1789 geherrscht hatten. Das konnte nicht gut gehen. Die geistigen Eliten vieler europäischer Länder drängten gemäßigt, aber nachdrücklich auf Verfassungen, die ein Mitgestaltungsrecht der Bürger am politischen Geschehen gewährleisten sollten. Das Selbstbewusstsein der „Untertanen" stieg, zum Beispiel, weil die Universitäten zunehmend an Einfluss gewannen. Die Naturwissenschaften, die Medizin, neue geisteswissenschaftliche Konzepte brachen sich Bahn, man hatte etwas zu sagen und bildete Generationen von „Gebildeten" aus, die zum Teil als junge Leute 1813 bis 1815 für eine andere Freiheit gekämpft hatten als die, die in der Restauration übriggeblieben war. Das Bürgertum gab auch gesellschaftlich zunehmend den Ton an, denn durch die Entwicklung von Wirtschaft und Handel und einen ersten Schub von Industrialisierung etablierte sich ein neuer Stand, der nach Mitwirkung verlangte. Der – allerdings – hat wohl nicht Hunger gelitten.

Die Kehrseite war eine zunehmende Polarisierung zwischen Armen und Reichen. Die „Klasse" der Arbeiter wurde immer größer und ihre Lebensbedingungen waren schlecht: Liest man heute Darstellungen aus dieser Zeit, und zwar solche ohne tendenziösen Einschlag, dann wundert man sich, dass diese Zustände so lange haben anhalten können. Die Löhne waren kümmerlich. Eine Arbeitskraft alleine konnte eine Familie nicht ernähren, so dass die Frauen, oft auch mit sehr harter Arbeit und trotz vieler Kinder, dazuverdienen mussten. Die Wohnverhältnisse waren unbeschreiblich. Sechs bis acht Menschen in zwei kleinen Räumen waren die Regel. Es war die Zeit, in der die Tuberkulose grassierte und eine hohe Säuglingssterblichkeit als selbstverständlich hingenommen wurde. Es gibt heute noch Übersichten über den Speisenplan solcher Familien. Fleisch kommt darin so gut wie nicht vor, allenfalls einmal Innereien, Kuheuter oder dergleichen. Sonst bestand die Verpflegung aus Kraut, Kohl, Kartoffeln, Graupen, bestenfalls Möhren, alles meist als Wassersuppe zubereitet, und Roggenbrot. Aber eben Kartoffeln. Und wenn die knapp wurden und die übrigen Grundnahrungsmittel sich entsprechend verteuerten, ging es ans Existenzminimum.

Die Winter 1845/46 und 1846/47 waren Hungerwinter. Ist es ein Zufall, dass das „Kommunistische Manifest“ 1847/48 erschien? Jedenfalls brachen 1848 überall Revolutionen aus. Sie hatten nicht so sehr – wie das Kommunistische Manifest von Marx und Engels – sozialpolitische Zielsetzungen, aber man wollte demokratische Verfassungen und Republiken. In Frankreich führte das zur Abdankung des Königs Louis Philippe und zur Ausrufung der zweiten Republik. In Ungarn erlangte Kossuth weitgehende Freiheiten, in Wien wurde eine liberalisierte Verfassung durchgesetzt, und in Deutschland setzte sich die Staatsform der konstitutionellen Monarchie durch, das heißt die Landesfürsten waren an Verfassungen gebunden, in denen die parlamentarische Mitwirkung der Bürger verankert wurde.

Hier haben Missernten vielleicht nicht Geschichte „gemacht“, aber als Auslöser der politischen Ereignisse haben sie wohl mitgewirkt. Der Bezug zu den durch die Kartoffelseuche ausgelösten Hungerjahre ist zeitlich so eng und in der Sache so plausibel, dass er nicht übersehen werden sollte.

Dass es sich bei dem Erreger um einen Pilz handelte, war sehr bald nach dem epidemischen Auftreten geklärt, denn die Naturwissenschaften standen in Blüte und man verfügte über leistungsfähige Mikroskope, die eindeutige Beweise lieferten. Man wusste aber wenig über den Entwicklungszyklus, die Befallsvoraussetzungen und die Wirkungsweise. Es gab sogar einen Meinungsstreit darüber, ob der Pilz die Ursache der Erkrankung sei oder ob er als Folge einer „Wassersucht“ der Kartoffeln aufträte, also auf dem Kraut gediehe, weil dieses ohnehin welk werde und absterbe. Es handle sich um einen „Saprophyten“, das heißt um einen Pilz, der von verfaulendem Pflanzengewebe lebe. Diese Ansicht hatte ihre Ursache in der richtigen Beobachtung, dass die Seuche jeweils nach besonders feuchten Jahren auftrat. Eine klare und bis heute klassisch gebliebene Aufklärung lieferte der große aus Frankfurt stammende Forscher Anton de Bary, Ordinarius für Botanik an der Universität Straßburg und eine herausragende Gestalt in der Entwicklung der Mykologie. Er veröffentlichte 1861 eine Arbeit: „Die gegenwärtig herrschende Kartoffelkrankheit, ihre Ursache und ihre Verhütung." Er zeigte in Infektionsversuchen, dass der Pilz zweifelsfrei der unmittelbare Erreger war, deckte seinen Entwicklungszyklus auf, legte den Zusammenhang zwischen dem Faulen des Kartoffelkrautes und dem der Knollen klar, konnte erklären, warum feucht-warme Jahre den Befall begünstigen, ordnete den Pilz in das botanisch-systematische Ordnungssystem ein und gab ihm den noch heute gültigen wissenschaftlichen Namen. Der hieß: *Phytophthora infestans* de By., das bedeutet „gefährliche Pflanzenvernichtung". Der Erreger war bereits von dem Arzt und Naturforscher Montagne als Pilz erkannt und *Botrytis infestans* Mont. genannt worden. Die Benennung durch de Bary war eher ungewöhnlich, denn im allgemeinen gibt eine Gattungs- und Artbezeichnung einen Hinweis auf die Stellung des neu beschriebenen Objekts im biologischen Ordnungssystem der Organismen, der „Systematik". Dagegen hat de Bary unter dem Eindruck der verheerenden Schäden, die der Pilz anrichtete, einen Gattungsnamen gewählt, der sich auf seine Gefährlichkeit bezieht. Der Gelehrte hat auch Empfehlungen zur Eindämmung der Krankheit gegeben: Fruchtwechsel beim Anbau, sorgfältige Auswahl der Saatkartoffeln, die symptomfrei sein müssen, trocken-kühle Lagerung des Erntegutes. Eine Möglichkeit der direkten Bekämpfung des Erregers gab es 1861 noch nicht. Erst 1885 entdeckte man, dass eine Mischung aus Kupfersulfat und Kalk, die sogenannte Bordeauxbrühe, fungizide, also pilztötende Eigenschaften hatte, und 1890 zeigte sich, dass diese Mixtur auch gegen *Phytophthora* wirksam war. Damit war es möglich geworden, einen Befall, wenn er frühzeitig entdeckt wurde, im Keim zu ersticken. Die *Phytophthora* hatte ihren Schrecken weitgehend verloren, jedenfalls in normalen Zeiten.

Die Normalität endete spätestens mit dem Ausbruch des Ersten Weltkrieges 1914. Kriege kann ein Staat nur durchstehen, wenn die Nahrungsmittelversorgung für die Truppen und für die Zivilbevölkerung ausreicht, das heißt, wenn Vorräte und Eigenproduktion den Bedarf decken können. Das galt besonders für die „Mittelmächte", also die verbündeten Kaiserreiche Deutschland und Österreich. Zwar verfügten sie über eine beachtliche, hoch entwickelte Produktionskapazität, aber sie waren doch sektoral importabhängig. Deshalb traf die wirksame Blockade, die die Alliierten verhängten, einen empfindlichen Nerv und hat zweifellos einen erheblichen Einfluss auf den Kriegsausgang gehabt.

Noch im Jahre 1915 waren die Perspektiven für das Reich günstig. Es gab eine Rekordernte im Kartoffelbau, denn der Sommer war feucht, und da Kartoffeln ja stets auf leichteren Böden angebaut werden, die austrocknungsempfindlich sind, hatte der Regen dafür gesorgt, dass Überschüsse erwirtschaftet wurden. Man ging also optimistisch in den Winter 1915/16, denn die Reserven waren so groß, dass man zusätzliche Lagerkapazität in den Kellern öffentlicher Einrichtungen, Schulen und Kasernen schuf. Die entsprachen freilich nur selten den Empfehlungen von de Bary, Kartoffeln trocken und kühl zu lagern. Feuchte Jahre sind immer auch *Phytophthora*-Jahre. Wenn es also eine gute Kartoffelernte gibt, folgt die *Phytophthora* auf dem Fuße. Das wusste man, ebenso gab es damals ja schon die Möglichkeit, einen Ausbruch der Krankheit durch Behandlung der Bestände mit Kupferpräparaten vorzubeugen. Es gab auch seit 1898 eine „Biologische Abteilung für Land- und Forstwirtschaft beim Kaiserlichen Gesundheitsamt", die Vorläuferin der späteren Biologischen Reichsanstalt und heutigen Biologischen Bundesanstalt, die in der Lage war, fundierte Prognosen über drohende Pflanzenkrankheiten zu erstellen.

Aber es war Krieg. Ein großer Teil der Bauern war mitsamt ihren Pferden zur Armee eingezogen, die Höfe wurden weitgehend von den Altenteilern und den tüchtigen Bauersfrauen bewirtschaftet, und die Beamten des seit einem Jahrzehnt bestehenden Pflanzenschutzdienstes standen in ihrer Mehrheit wohl auch beim Militär.

Selbst, wenn man von allen diesen Beeinträchtigungen absieht: Eine Behandlung der Kartoffelbestände mit Bordeauxbrühe konnte nicht stattfinden, weil es keine Kupferzuteilung für die Landwirtschaft gab. Kupfer war knapp und der Bedarf der Front hatte Priorität – es wurde für Munition, Kriegsgerät und Kabel benötigt, der überflüssigen, den Militärs vielleicht als kosmetisches Bedürfnis erscheinenden Nachfrage der Landwirtschaft konnte „nicht stattgegeben werden".

Und so war denn die 1915 eingefahrene, als so beruhigend empfundene und wenig sachgerecht eingelagerte Rekordernte hochgradig infiziert. Sie faulte vor sich hin. Im Laufe des Winters begann es in den öffentlichen Gebäuden zu stinken. Im Frühjahr wurde es in den Schulen so unerträglich, dass es – historisch dokumentiert – „Gestanksferien" geben musste, bis die Keller von der fauligen, matschigen Masse der verdorbenen Kartoffeln geräumt waren. Die „strategische Nahrungsreserve" war dahin, und damit ist die *Phytophthora* ein weiteres Mal geschichtsträchtig geworden. Denn die Saatkartoffeln für 1916 waren ebenfalls infiziert. Zwar gelang die Frühjahrsbestellung, das Kartoffelkraut lief gesund auf und wiederum versprachen reichliche Niederschläge günstige Erträge. Wie zu erwarten, war das trügerisch. Im August brachen die Bestände zusammen und die erneut infizierte Ernte war kläglich. Der Überfluss von 1915 war einem krassen Mangel gewichen. Es stand ein Hungerwinter bevor.

Die Presse in Deutschland war damals wohl weitgehend regierungskonform und jedenfalls überwiegend auf Siegeszuversicht gestimmt, aber es gab keine Zensur. Deshalb gibt es eine umfangreiche und detaillierte Berichterstattung über die Not und das Elend dieses Winters 1916/17. Die Zeitungen brachten Situationsanalysen, Reportagen aus den Arbeitervierteln der Großstädte, Stimmungsberichte und Milieuzeichnungen im Stile von Heinrich Zille. Die „Illustrierten Zeitungen" veröffentlichten Bilder von Menschen, die vor Lebensmittelgeschäften oder Auslieferungsläden für „Kohle, Koks, Kartoffeln" Schlange standen, von rasch eingerichteten „Volksküchen" und der überall präsenten Polizei, die etwa entstehende Unruhen im Keime ersticken sollte. Offene Aufsässigkeit gab es aber kaum, mehr eine Stimmung der Resignation und Ermattung; von „Hurra-Patriotismus" war nichts mehr zu spüren. Kritische Blätter, wie der berühmte „Simplicissimus" und die Sozialdemokratische Presse gaben bissige Kommentare ab, doch die Not nahm mit fortschreitendem Winter zu und nahm Katastrophencharakter an. Der Begriff „Steckrübenwinter" prägte sich ins kollektive Erinnerungsvermögen der Deutschen ein. Er beruht darauf, dass die Bevölkerung versuchte, einen Ersatz, ein Aushilfsnahrungsmittel zu finden. Da bot sich eine Pflanze an, die eigentlich als Viehfutter angebaut wurde, eben die „Steckrübe". Das war zu dieser Zeit die gängige Bezeichnung für die Kohlrübe, in östlichen Provinzen auch „Wrucke" genannt. Auch sie ließ sich den ganzen Winter über lagern und ähnlich wie die Kartoffel zubereiten. Rezepte, wie man etwas einigermaßen Essbares daraus kochen könnte, machten die Runde, Eintopfgerichte mit Kohl, Zwiebeln, Lorbeerblättern oder gar etwas Speck (so man hatte) dazu. Sogar Marmeladenrezepte gab es. Es war weder eine besonders schmackhafte, noch eine sehr bekömmliche, vor allem aber keine ausreichende Kost.

Die Folgen blieben nicht aus. Unterernährung, Fehl- und Mangelernährung führten zu den zwangsläufigen Erkrankungen: Anfälligkeit für Infektionen und schwere Durchfälle. Die amtlichen Zahlen lauten auf 700.000 Tote. Es ist schwer zu beurteilen, ob damit wirklich alle Sekundärerkrankungen, wie Tuberkulose und andere schleichende Leiden erfasst sind. Die Opfer waren hauptsächlich alte Leute, Kinder und ausgemergelte, verhärmte Frauen.

Den psychologischen Effekt, den diese Erfahrung gehabt hat, muss man sehr hoch veranschlagen. Eine kriegsmüde Zivilbevölkerung bietet keine sehr gute Voraussetzung für den nationalen Elan und die „Moral der Truppe". Familienväter, die an der Front standen, werden sich gefragt haben, wofür sie eigentlich kämpften, wenn ihre Angehörigen zu Hause Not litten und starben. Wurden sie da nicht eigentlich mehr gebraucht, als im Schützengraben? Sicher ist, dass das Jahr 1917 die erkennbare Wende zu Gunsten der Alliierten im Ersten Weltkrieg brachte. Man kann kaum bezweifeln, dass die durch *Phytophthora* bedingte Hungersnot daran einen Anteil gehabt hat.

Diese Epidemie war die bisher letzte, die solche historische Ausmaße angenommen hat. Die Krankheit ist heute durch ackerbauliche Systeme, durch Anbau widerstandsfähiger Sorten und durch geeignete Pflanzenschutzmaßnahmen beherrschbar. Dennoch wurden nach einer Schätzung von 1967 rund 22 % der möglichen Kartoffelernte durch Pflanzenkrankheiten vernichtet, 1994 lautete die Schätzung noch auf 21 %. Es scheint, dass dies der Tribut ist, der entweder unvermeidlich oder als hinnehmbar erscheint.

Der transatlantische Import der Kartoffel nach Europa und das spätere Nachdringen der wichtigsten Kartoffelkrankheit über den Atlantik waren agrarisch, ernährungswirtschaftlich und in ihren historischen Auswirkungen bedeutsam genug. Doch wie in einem Paradebeispiel für ökologische Kettenreaktionen trat eine dritte Art, diesmal ein Insekt, den Weg vom Westen der USA quer über den Kontinent nach der Ostküste und von dort per Schiff nach Europa an: der Kartoffelkäfer.

Entomologen sind Insektenkundler. Gerade im 19. Jahrhundert gab es viele Amateurentomologen, die sich auf die verschiedensten Insektengruppen spezialisierten und den Ehrgeiz hatten, bisher unbekannte Arten zu entdecken. Ein solcher war Mr. Say im Staate Colorado am Osthang der Rocky-Mountains. Er fand an wildwachsenden Nachtschattengewächsen einen hübschen, zehnfach gelb und dunkelbraun gestreiften Käfer. Er ermittelte, dass es das Tier in der Literatur noch nicht gab, beschrieb und zeichnete es eingehend und sandte seine Unterlagen an das britische „National History Museum“ in South Kensington in London, das zum British Museum gehört und die zentrale Institution für die ganze Welt ist, die Registrierung, Katalogisierung und Einordnung aller biologischen Arten in das von Carl von Linné begründete „Systema Naturae“ vorzunehmen. Dort wird auch entschieden, ob ein neuer Fund wirklich eine neu entdeckte Art ist. Im Jahre 1823 war es soweit. Der „Coloradokäfer“ wurde als „*Nova Species*“ anerkannt und erhielt den wissenschaftlichen Namen *Leptinotarsa decemlineata* Say, zu Deutsch: Zehnfach gestreifter Schmalfuß, von Say beschrieben.

Für Insektensammler war das ein seltenes und daher begehrtes Objekt. Seine Wirtspflanze war *Solanum rostratum*, ein wildwachsendes Nachtschattengewächs. Aber mit der Seltenheit war es bald vorbei: Mitte des 19. Jahrhunderts brachten Siedler die Kartoffel, *Solanum tuberosum*, nach Colorado mit und bauten sie dort an. Damit war der Tisch für den Coloradokäfer reichlich gedeckt. Er stellte sich auf die neue Futterpflanze um und fand auf ihr so günstige Vermehrungsbedingungen, dass bald ernste Schäden auftraten. Der Ausbau der Infrastruktur in den

Vereinigten Staaten verschaffte dem Käfer dann Verbreitungschancen, die ökologisch und kulturgeschichtlich exemplarisch sind.

Im Jahre 1869 begann, nach schwierigen rechtlichen, finanziellen und technischen Vorbereitungen, der Bau der transpazifischen Eisenbahnlinie. Ein gigantisches Unterfangen. Zu den schwierigen logistischen Aufgaben gehörte es dabei, die Verpflegung der Streckenarbeiter in den teilweise völlig menschenleeren Gebieten der USA sicherzustellen. Für die Fleischversorgung mussten die Büffelherden herhalten. Sie wurden rigoros dezimiert. Aber als Grundnahrungsmittel sollte die Kartoffel dienen. Sie wurde, dem Baufortschritt folgend, entlang der Trasse kultiviert, von Westen nach Osten fortschreitend. Und damit schuf man für den Käfer, der inzwischen „Colorado potato beetle" hieß, geradezu eine Piste, auf der er sich quer über den Kontinent durchfressen konnte. Kaum war die Bahnlinie fertiggestellt, kam auch der Kartoffelkäfer an der Ostküste an. Damals, 1874, residierte in New York ein deutscher Generalkonsul, der zufällig auch Amateurentomologe war. Er depeschierte an das Auswärtige Amt in Berlin: „*Colorado potato beetle arrived at New York harbour.*"

Es ist schon erstaunlich. Fachwissenschaftler haben bisweilen eine etwas herablassende Haltung gegenüber sogenannten „Liebhabern". Aber hier wurde eine Insektenart, die später eine große wirtschaftliche Bedeutung erlangte, von einem „Amateur" entdeckt und von einem andern in seiner Bedrohlichkeit erkannt. Im Bereich der biologischen Systematik haben solche fachübergreifend arbeitenden Menschen bedeutende Grundlagen geliefert: Nachdem die Klassifizierung der Arten als Schwerpunktaufgabe im wesentlichen geleistet war, wendete sich die wissenschaftliche Biologie mehr und mehr physiologischen, entwicklungsgeschichtlichen, mikrobiologischen, später auch molekularbiologischen und biochemischen Fragen zu. Mit der reinen „Taxonomie" war kein Ruhm mehr zu ernten.

Aber da gab es eben die Menschen, denen es nicht auf den Ruhm ankam, sondern auf die Beschäftigung mit einem Spezialgebiet, das ihnen Freude machte. Oft waren das Pfarrer, Lehrer, Landärzte oder auch Schriftsteller, zum Beispiel Ernst Jünger, der ein engagierter Käferspezialist war. Freilich, wenn er selber an Grenzen stieß, dann suchte er einen noch kompetenteren Käferkundler auf, das war der Pfarrer Horion in Meersburg, also nicht weit von Jüngers Wohnsitz. Der hatte ein mehrbändiges Werk über die „Systematik der Coleopteren" geschrieben und wusste alles über Käfer. Von seinem Arbeitszimmer im Pfarrhaus hatte man einen fabelhaften Blick über den Bodensee, und er wusste mit verstecktem Humor von seinen Begegnungen mit dem Dichter zu erzählen, wobei er, jedenfalls was Käfer betraf, eine leichte Überlegenheit erkennen ließ.

Als sich die Ökologie als wichtiger Zweig der Biologie durchzusetzen begann, rückte diese Sonderklasse von Spezialisten vom Status vermeintlicher Spitzwegtypen sehr schnell zu gefragten Ratgebern auf. Denn nun wollte man wissen, welche Arten von Organismen in einem bestimmten Lebensraum vorkommen, wie sie miteinander vernetzt sind und wie ihre Lebensweise ist. Zuvor wenig bearbeitete Insektengruppen konnten nun wichtig werden, z.B. Schlupfwespen, Netzflügler, Fransenflügler, Fächerflügler, Kamelhalsfliegen, Köcherfliegen, Schnabelfliegen und viele, viele mehr. Alle Insektenarten eines Lebensraumes zu erfassen, ist eine quantitativ und qualitativ umfangreiche Aufgabe. Da war es schon gut, dass es kompetente „Außenseiter" gab. Kannte man deren Adresse, irgendwo in einer Kleinstadt oder auf dem Dorf, dann stieß man auf Kenntnisreichtum und Hilfsbereitschaft. Bei normalen Anfragen entstanden hierbei keine Kosten!

Ein Diplomat ist in diesem Metier wohl eher selten. Man weiß auch nicht, wie die zuständigen Beamten des Auswärtigen Amtes in Berlin auf die Depesche ihres Generalkonsuls in New York reagiert und sich vielleicht zunächst darüber mokiert haben. Aber sie zogen doch Erkundigungen bei Agrarwissenschaftlern ein – die Biologische Reichsanstalt gab es damals noch nicht – und erfuhren, dass es sich um eine Alarmmeldung erster Ordnung handelte. Es wurde bemerkenswert rasch gehandelt: Bereits 1875 wurde die Einfuhr amerikanischer Kartoffeln in das Reich verboten. Es fanden Kontrollen in den Häfen statt. Aber es half alles nichts; 1877 wurden das erste Mal Kartoffelkäfer auf einem Feld bei Mülheim an der Ruhr entdeckt, 1887 bei Meppen im Emsland, 1911 bei Stade an der Unterelbe. Der Altmeister des Pflanzenschutzes in Deutschland, Geheimrat Otto Appel, wusste, was die Stunde geschlagen hatte: Er ließ sich drei Kompanien Pioniere zuweisen, die viel Petroleum auf das Feld schütten und es tief umgraben mussten. Radikal, nicht sehr umweltfreundlich, aber wirksam.

Nach Ausbruch des Ersten Weltkrieges war die Einschleppung nicht mehr zu stoppen. Wahrscheinlich landete der Käfer mit amerikanischen Truppentransportern etwa 1917 in Marseille an. Von dort hat er sich rasch in Südfrankreich ausgebreitet. Dank seines Flugvermögens kann er pro Jahr 150 km vordringen. 1922 jedenfalls verursachte er in der Gegend von Bordeaux erhebliche Schäden und war Anfang der 30er Jahre in ganz Frankreich verbreitet. Und seine Invasion nach Deutschland hat nachweislich 1936 stattgefunden. Deshalb wurde 1937 eine „Reichsverordnung zur Abwehr des Kartoffelkäfers" erlassen. Damals wurden Schulklassen und Freiwillige in die Kartoffelfelder geschickt, um die Käfer oder ihre Larven abzusammeln. In der ersten Zeit wurden sogar je gefundenes Exemplar 5,– Reichsmark als Prämie gezahlt. Viel Geld, das aber bald nicht mehr bezahlbar gewesen wäre. Denn bei Hunderten von Eiern, die jedes Weibchen während seiner Lebensdauer legt, ist mit Sammeln allein schwer gegen die Vermehrungsexplosion anzukommen, die bald einsetzte.

Alle diese Daten sind insofern interessant, als die deutsche Kriegspropaganda im Zweiten Weltkrieg das Märchen in Umlauf setzte, alliierte Flugzeuge hätten Kartoffelkäfer abgeworfen, um die Kartoffelernte in Deutschland zu dezimieren. Das war schlecht erfunden, denn der Kartoffelkäfer schaffte es auch ohne die Alliierten. Er bedurfte nicht der Royal Airforce zu seiner Verbreitung, da er selber fliegen kann und der Westwind ihm die Richtung vorgab.

Bis 1945 hatte sich der Käfer über das gesamte damalige Deutschland ausgebreitet und überzog anschließend die Kartoffel bauenden Länder Osteuropas, mit der Folge verheerender Ernteausfälle ausgerechnet in jener Zeit, in der Nahrungsmittel knapp waren. Und gerade in diesen Jahren war der Befall durch den Schädling besonders aggressiv. Sei es, dass eine Reihe von trocken-warmen Jahren ihn begünstigt hat, sei es, dass die Populationen auf dem Höhepunkt ihrer Vitalität standen. Heute gibt es den Kartoffelkäfer zwar überall, aber die Schäden halten sich in Grenzen. Vielleicht haben sich auch Gleichgewichte eingespielt. Aber ganz sicher ist, dass ein gut funktionierender Warndienst und die Möglichkeit, ein Auftreten frühzeitig und problemlos durch Pflanzenschutzmaßnahmen unter die Schädlichkeitsgrenze zu drücken, eine Bedrohung des Kartoffelbaus heute ausschließen können. Aber immerhin: Eine entomologische Rarität aus den Rocky Mountains hat sich zur Weltberühmtheit entwickelt.

Kartoffelkäfer (*Leptinotarsa decemlineata*)

REPORTS

BY

HER MAJESTY'S SECRETARIES OF EMBASSY AND LEGATION,

ON THE

EFFECT OF THE VINE DISEASE

ON THE

COMMERCE

OF THE

COUNTRIES IN WHICH THEY RESIDE.

Presented to both Houses of Parliament by Command of Her Majesty.
1859.

LONDON:
PRINTED BY HARRISON AND SONS.

Der Weinbau – Kulturträger, Politikum und Krisen

Eine relativ junge Kulturpflanzenart wie die Kartoffel kann sich mit der Weinrebe im öffentlichen Bewusstsein nicht messen. Gegenüber dem Uradel des Weines mit all` seiner Lobpreisung und literarischen, ja sakralen Bedeutung wirkt die Kartoffel trotz ihres wirtschaftlichen Stellenwertes fast proletarisch.

Rebschäden seit eh' und je

In der Tat ist der Weinbau, ebenso wie der Getreidebau, etwa 4.000 bis 5.000 Jahre alt. Seit es literarische Zeugnisse gibt, werden Wein und Weinbau erwähnt. So in der Bibel – beginnend bei Noah – 314 mal, davon 54 mal im Neuen Testament. Zum Vergleich: Der Weizen bringt es nur auf 43 Zitate! Auch bei Homer (ca. 8. Jhdt v.Chr.) wird oft vom Wein erzählt, und sicher gibt es auch dafür Zahlen. Hoffnungslos wäre es, eine Zusammenstellung des Faktors Wein in der Weltliteratur zu versuchen – das entzieht sich jedem quantitativen und qualitativen Kriterium.

Aber der Weinbau hat auch seine ganz prosaischen Seiten, denn Anbau, Pflege, Weinlese und Schutz der Reben gehören zu den härtesten Arbeitsbereichen, die die Agrarwirtschaft zu bieten hat, wenn die Neuzeit auch hier wesentliche Entlastungen gebracht hat. Dennoch: Die alte Literatur bietet keinen Anhalt dafür, dass es katastrophale Ernteausfälle im Weinbau gegeben hat. Wohl aber ziehen sich Hinweise auf Schäden und Empfehlungen zu ihrer Verhütung wie ein roter Faden durch das Schrifttum. Man kann das damit erklären, dass das Endprodukt Wein wirtschaftlich hochwertig war. Jeder Naturalverlust schlug also direkt auf den Gewinn der Winzer durch. Man hat deshalb wahrscheinlich sehr frühzeitig betriebswirtschaftlich zu denken gelernt, vielleicht im Unterschied zu den Ackerbaukulturen. Da gab es gute und schlechte Ernten, und die wirkten sich auf den Getreidepreis aus. Aber man bewertete nicht Einzelverluste oder gar Verlustprozente. So spricht schon der Prophet Haggai (s. S. 18) von einem 60 % igen Verlust bei den zur Kelter gelangenden Trauben.

Man kann viele andere Beispiele aufzählen: Ein agrarökonomisches Sammelwerk, das wahrscheinlich im 7. Jhdt n.Chr. entstanden ist, die „Geoponica", empfiehlt, bei der Weinlese faule Beeren auszupflücken, weil sie den Geschmack des Weines verdürben. Wahrscheinlich hat es sich um die Grauschimmelfäule gehan-

Abb. links: Im 19. Jhdt. hat eine biologische Kettenreaktion den europäischen Weinbau heimgesucht. Das britische Foreign Office ließ seine Auslandsvertretungen über die wirtschaftlichen Folgen berichten. Titelblatt dieser „Reports" von 1859.

delt. Der spätrömische Schriftsteller Palladius (4. oder 5. Jhdt n.Chr.) empfiehlt, erkrankte Wurzeln von Rebstöcken in einer Art Homöopathie mit Wein zu begießen. Die Liste lässt sich fortsetzen und natürlich darf auch hier Plinius nicht fehlen, der vorschlägt, Wein als Beizmittel zur Desinfektion von Saatgut zu verwenden.

Aus dem mittelalterlichen Deutschland wird berichtet, im 9. Jahrhundert seien im Rheingau 30 von 37 Weinlesen mehr oder weniger ausgefallen, wobei „Erdstöße", „Pest", also wohl Infektionskrankheiten der Reben, und riesige Heuschreckenschwärme die Ursachen gewesen seien; im 11. Jahrhundert fielen 29 von 37 verzeichneten Weinlesen unbefriedigend aus, wofür Dürre und scharfe Fröste verantwortlich gemacht werden. Aber das waren lokale oder regionale Schäden, von allgemeinwirtschaftlichen oder gar historischen Konsequenzen ist nichts bekannt.

Dabei war der Wein als wirtschaftlicher Faktor durchaus von Bedeutung. Man muss bedenken, dass er, im Gegensatz zum Wasser, ein hygienisch stets unbedenkliches Getränk war: Zum Beispiel haben die Malteserritter auf Malta die Belagerung durch die Türken nur deshalb durchstehen können, weil sie noch einige Brunnen mit sauberem Wasser und weil sie Wein hatten, den sie als Desinfektionsmittel benutzten und in Maßen tranken, während die Belagerer, weil ihre Wasservorräte faulten, nach dem Ausbruch von Seuchen aufgeben mussten. Wein war darüber hinaus ein höfisches Getränk und wurde, nicht zu vergessen, überall als Messwein gebraucht. Insofern war seine wirtschaftliche Bedeutung erheblich und konnte in politische Dimensionen hineinreichen.

Als das Reich Karls des Großen im Frieden von Verdun *(„Virten")* 843 unter seinen Enkeln aufgeteilt wurde, erhielt der älteste, Lothar, neben der Kaiserwürde *Lotharingien*, wozu nicht nur das heutige Lothringen gehörte, sondern auch Südfrankreich, einschließlich der Provence und ganz Italien mit Rom. Karl bekam alle Gebiete westlich davon, vom *„Brittanischen Ozean bis zum Flusse Maas"*, Ludwig erbte alle angrenzenden östlichen Gebiete, d.h.: *„Ganz Germanien bis zu den Wogen des Rheins"*, dazu aber einige *„Gaue jenseits des Rheins"*. Und diese letztere Regelung hatte ihren Grund: Lothar und Karl waren Länder zugefallen, in denen es keinen Mangel an Wein gab. Aber Ludwig wäre in Germanien ziemlich trockengesetzt gewesen. Das ging so nicht, weshalb die Urkunde im lateinischen Text besagt, dass er eben *„nonnullae civitates cum adiacentibus pagis trans Rhenum propter vini copiam"* erhalten muss. Zu deutsch: *„... einige Städte mit den umliegenden Ländereien jenseits des Rheines, weil es dort viel Wein gibt."* – Mangel an Wein in Germanien war also der Grund für die über ein Jahrtausend mit leichten Verschiebungen gültige Grenzziehung zwischen West- und Mitteleuropa.

Die Katastrophen des Weinbaus im 19. Jahrhundert

Die Mehltauepidemie und ihre Folgen

Diese historische Konsequenz war freilich keine Folge von Missernten, sondern hängt mit den standörtlichen, namentlich klimatischen Ansprüchen der Rebe zusammen, die die Grenzen der Anbaugebiete markieren. Erntekatastrophen im Weinbau haben wohl nur einmal, und zwar im 19. Jahrhundert, wahrnehmbare Folgen auf historische, soziologische und wirtschaftspolitische Entwicklungen gehabt.

Über diesen Vorgang gibt es ein interessantes Dokument aus einer Quelle, die sonst begreiflicherweise von Agrarhistorikern kaum zu Rate gezogen wird. Archivstudien im Weltwirtschaftsinstitut in Kiel führten zu der Zufallsentdeckung einer Drucksache, die das britische Foreign Office 1859 in beide Häuser des Parlaments eingebracht hatte. Sie trägt den schönen Titel: „Reports by Her Majesty`s Secretaries of Embassy and Legation on the effect of the vine disease on the commerce of the countries in which they reside.“ Diese „Reports” gibt es sonst in keiner Spezialbibliothek der deutschen landwirtschaftlichen oder weinbaulichen Forschungsinstitute, und sie hat als reines Archivstück über mehr als ein Jahrhundert wissenschaftlich geschlummert, obwohl sie zu den präzisesten Darstellungen des epidemiologischen Ablaufs einer Pflanzenkrankheit im 19. Jahrhundert gehört, die wir kennen. Worum hat es sich gehandelt?

Das britische Handelsministerium und das „Foreign Office“ hatten über Jahre ein merkwürdiges Phänomen beobachtet: Einerseits wurden die vom Kontinent importierten Weine immer teurer, andererseits stieg die ausländische Nachfrage nach alkoholischen Destillaten, namentlich Whisky, beträchtlich an. Es entwickelte sich ein Export nach Frankreich von zuvor unbekanntem Ausmaß. Was war die Ursache? Es war bekannt, dass die Reben in großen Teilen Europas von einer heftigen Epidemie des Echten Mehltaus, *Uncinula necator (=Oidium tuckeri)*, heimgesucht wurden, die zu schweren Ertragseinbußen und anschließenden Marktturbulenzen führte. Daher forderte der Außenminister, Earl of Malmesbury, die diplomatischen Vertretungen in den Weinbauländern Europas auf, Bericht zu erstatten. Das Ergebnis stellt den damaligen britischen Vertretungen ein hervorragendes Zeugnis aus. Sicherlich ist deren Sachverstand und Interesse nicht nur auf den in diplomatischen Kreisen weit verbreiteten Weinverstand zurückzuführen. Vielmehr waren und sind die britischen Auslandsbeamten stets in besonderer Weise wirtschaftspolitisch geschult. Und in der Tat handelte es sich um ein Thema von kaum erwarteter gesamtwirtschaftlicher, soziologischer, ja politischer Tragweite. Dazu muss man sich vergegenwärtigen, dass die politische Landkarte

Europas und der Mittelmeerländer Mitte des vorigen Jahrhunderts völlig anders aussah als heute. Das k. u. k. Habsburgische Hoheitsgebiet umfasste neben dem Stammland Österreich weite Teile Südeuropas; das Großherzogtum Toskana war in Personalunion mit Habsburg verbunden. Algerien war französische Kolonie geworden. Darauf ist noch einzugehen. Aber dadurch waren die Binnen- und Außenhandelswege natürlich mit geprägt, und das hatte Konsequenzen. So berichtet der britische Geschäftsträger im Großherzogtum Toskana, die Rebenkrankheit sei dort schon 1852 ausgebrochen, habe 1855 einen zweiten Höhepunkt erreicht, sei aber bis 1859 wieder abgeflaut. Die Folge sei gewesen, dass das Herrschaftsgebiet, das seinen Bedarf zuvor fast ausschließlich aus eigener Produktion habe decken können, *„wegen des weitgehenden Ausfalls der Ernte in beträchtlichem Umfang zur Einfuhr von Wein und Spirituosen übergehen musste“.* Wie es sich für einen guten Bericht gehört, liefert der Gesandte auch eine Statistik. Aus ihr geht hervor, dass der Import zeitweise bis auf den fast zwölffachen Ausgangswert kletterte:

Weinimporte der Toskana

Importmenge	1851	1856
Wein	100 %	1.178 %
Branntwein	100 %	159 %
Rum	100 %	435 %

Auffallend ist der textlich beschriebene besonders hohe Import von Wein nach den starken Befallsjahren 1852 und 1856, während der Verbrauch an Spirituosen von Jahr zu Jahr ansteigt und erst beim Nachlassen der Krise 1857 wieder leicht zurückgeht. Hier deutet sich ein Wandel in den Verbrauchsgewohnheiten an.

Der britische Botschafter in Spanien gibt einen wunderbaren, in geschliffenem Kanzlei-Englisch geschriebenen Bericht, in dem überall die Dramatik des Geschehens durchschimmert. In Spanien sei die Krankheit 1851 erstmals aufgetreten. Sie sei 1853 über das ganze Land verbreitet gewesen. Im Durchschnitt hätten sich Ernteverluste von 25 % ergeben, doch sei das bei der spanischen Massenproduktion nicht so sehr ins Gewicht gefallen, weil der Anstieg der Weinpreise den Verlust überkompensiert und die Exportmöglichkeiten erhöht habe. Spanien wurde damit zum bedeutendsten Weinexporteur Europas, erweiterte die Rebfläche beträchtlich und machte Anstrengungen zur Qualitätssteigerung, um der ausländischen Nachfrage entsprechen zu können. Bis 1857 stieg der Export auf 183 Prozent des Volumens von 1850. Der bedeutendste Abnehmer war Frankreich, das umfangreiche Ankäufe für seine im Krimkrieg stehende Armee tätigte und wo – nach Angaben des Botschafters – die südfranzösischen Weine mit solchen spanischer Herkunft verschnitten wurden, um als Bordeaux-Weine verkauft zu werden. Die Nachfrage war so groß, dass die Weinpreise in Malaga, Montilla und Duero um das Doppelte stiegen, um das Dreifache in Alicante, Valencia, Cadiz, Rioja und Navarra, um das Fünffache in Sevilla, um das Sechsfache in Aragon und um das Achtfache in Katalonien. Die starken Unterschiede erklären sich aus den unterschiedlichen Transportmöglichkeiten. Besonders begünstigt waren die Regionen, in denen gerade – hochmodern – Eisenbahnstrecken gebaut worden waren. Allerdings gab es Probleme der Überkapazität, nachdem die Oidium-Krise 1859 abflaute.

Zu den österreichischen Weinbaugebieten gehörten damals Niederösterreich, Böhmen und Mähren, die Bukowina, Kärnten, Steiermark, Istrien, Tirol, Dalmatien, Venetien, die Lombardei, Ungarn, Kroatien, Slowenien und Transsylvanien. Wie der britische Botschafter in Wien weiß, wurden in diesen Gebieten insgesamt 24 Millionen Hektoliter Wein erzeugt. Er berichtet, die Rebflächen in Venetien, in der Lombardei, in Südtirol und in Dalmatien seien vom *Oidium* so schwer befallen worden, dass Ertragsverluste von 50 % und mehr eingetreten seien. Hingegen habe die Krankheit in Ungarn kaum Bedeutung erlangt. Das habe den Ungarweinen, insbesondere den als Tokayerweinen bezeichneten Abfüllungen, die zuvor nur als Spezialität gewertet worden waren, einen Markt eröffnet, den sie wohl auch nach Abflauen der Krise würden behaupten können. Die neue Geschmacksorientierung strahlte auch auf früher habsburgische Gebiete, z. B. Schlesien, aus.

Im Königreich Sardinien, zu dem mit Piemont der überwiegende Teil des nicht österreichischen Oberitalien gehörte, und das vom Hause Savoyen regiert wurde, hatte der Mehltau ähnlich verheerende Wirkungen wie in der Toskana. Nach dem Bericht des britischen Geschäftsträgers stiegen die Weinpreise derartig, dass die an regelmäßigen Weinkonsum gewohnte Bevölkerung den Wein nicht mehr erschwingen konnte. Der Effekt war, dass sich in Turin eine große Brauindustrie ansiedelte. Zwar war das Bier auch noch um zwei bis drei Sous die Flasche teurer als der Wein es zuvor gewesen war, aber der Weinpreis war eben angestiegen und so stieg der Konsum an Bier, das einen Preisvorteil gewann, erheblich. In Turin, wo früher kaum Bier getrunken wurde, stieg der Verbrauch bis 1858 auf 45.460 Hektoliter jährlich. Da es im Weinland Italien keine Brautradition gab, wurde die Marktlücke von österreichischen Braumeistern besetzt. Das ist noch heute an dem deutschen Markennamen der Turiner Biersorten erkennbar.

Weitaus am dramatischsten verlief die Epidemie in Frankreich, die Folgen haben Schicksale geprägt und politische Abläufe mitbestimmt. Viscount Chelsea, der britische Botschafter in Paris, gibt eine geradezu klassische Analyse. Eingangsfeststellung: Die Erträge aus dem Weinbau sind auf ein Fünftel einer normalen Lese abgesunken. Zum ersten Mal in seiner langen Geschichte ist Frankreich ein Weinimportland geworden. Dazu wurden zunehmend und in bedeutendem Umfang Spirituosen, insbesondere aus Großbritannien, importiert. Die Mehltauerkrankung wurde zuerst 1850 in der Umgebung von Paris beobachtet, verbreitete sich im nächsten Jahr über ganz Frankreich, erreichte 1854 ihren Höhepunkt und flaute dann, infolge planmäßiger Gegenmaßnahmen, vor allem nach der sich rasch durchsetzenden Schwefelbehandlung, allmählich ab. Viscount Chelsea hat Ertragszahlen ermittelt, die so interessant sind, dass sie hier festgehalten werden sollen. Er gibt für Frankreich folgende Ziffern an:

Jahr	**Ertrag in Hektoliter**
1848	51.622.152
1850	44.717.553
1854	10.789.869
1858	45.105.700

Die Zahlenreihe vermittelt den Eindruck, dass der ersten Beobachtung des Befalls im Jahr 1850 schon in den Jahren 1848 und 1849 eine beträchtliche Infektion vorausgegangen sein muss. Jedenfalls: Der Wein wurde knapp und entsprechend teuer. Detaillierter sind die Angaben aus dem Marineministerium über die Weinpreise im Krimkrieg. Dort unterschied man: „Vin de Journalier" (täglicher Tischwein); „Vin de Campagne" (im Felde auszuteilender Wein); „Vin pour les Hôpitaux" (Lazarettwein). Je höher die Qualitätsanforderungen, desto drastischer der Preisanstieg. Bei den Lazarettweinen immerhin noch um das 4,7fache. Und dabei hat die Armee, als Großeinkäufer, vermutlich noch billig bezogen.

Weinpreise im Krimkrieg in frs.	**1848**	**1854**
Vin de Journalier	12,08	36,14
Vin de Campagne	12,20	49,57
Vin pour les Hôpitaux	12,20	57,15
Spirituosen	36,31	113,96

Schier unglaublich scheinen die Importziffern für das Weinland Frankreich.

Jahr	Import in Hektoliter
1852	3.500
1853	4.500
1854	121.500
1855	417.400
1856	341.000
1857	626.000

Großbritannien aber profitierte, wie der Botschafter mit leichter, aber spürbarer Ironie bemerkte, dadurch, dass als Konsequenz der Import Frankreichs an alkoholischen Destillaten aus dem Inselreich von 1848 im Wert von 562.000 frs bis 1855 auf über 24 Millionen frs gestiegen sei, also um mehr als das 40fache. Dennoch sei aber nicht abzusehen, welche Folgen die Tatsache haben werde, dass 15 bis 20 Prozent der französischen Weinbaufläche stillgelegt worden seien. Soweit die hervorragenden britischen Diplomaten.

Aus dem Desaster ergaben sich weitreichende Konsequenzen: Viele französische Weinbauern waren schlechthin ruiniert. Sie mussten aufgeben. Aber die politische Situation kam ihnen zu Hilfe: Frankreich hatte sich in den Kriegen gegen Algerien 1847 endgültig durchgesetzt. Algerien war, wegen des islamischen Weinverbotes, zuvor kein Weinbauland. Das änderte sich nun. Die erfahrenen französischen Winzer, die mit Regierungshilfen aus ihren zusammengebrochenen Betrieben von Frankreich nach Algerien umgesiedelt wurden, fassten dort als „colons" Fuß. Das politische Kalkül war die Stärkung des französischen Elements in Algerien. Mit der Unabhängigkeit, die Algerien 1962 gewonnen hat, erfuhr auch das Schicksal der französischen Siedler, der „colons", eine tragische Zäsur. Sie waren in dem Land, in dem sie zum Teil seit vier Generationen Weinbau betrieben hatten, nicht mehr gern gesehen und kehrten mit unsicheren Zukunftsaussichten nach Frankreich zurück. Ein Schicksalskreis, ausgelöst durch den Echten Mehltau der Reben, hat sich geschlossen.

Die Einschleppung der Reblaus

Vielleicht hätte sich die durch das „*Oidium*" ausgelöste europäische Weinbaukrise nach etwas mehr als 10jähriger Dauer nach 1858 ohne weitreichende Folgen wieder eingependelt, hätten sich nicht in ursächlicher Folge neue Probleme und existentielle Bedrohungen eingestellt.

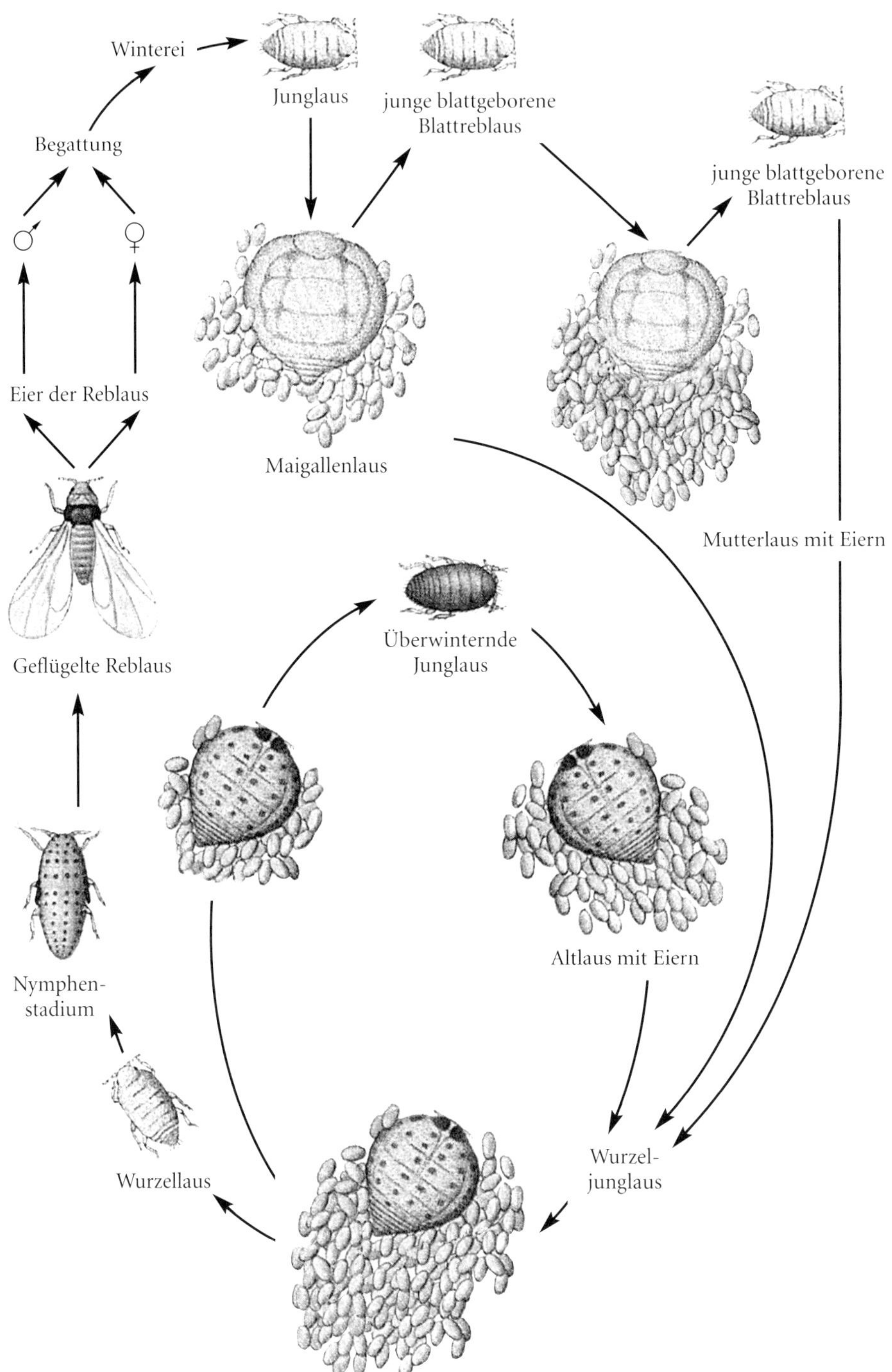

Entwicklungszyklus der Reblaus *(Dactulosphaira vitifolii)*

Natürlich hat man versucht, der Mehltauepidemie entgegen zu wirken. Aufbereitungen von Schwefelverbindungen waren durchaus wirksam. Aber es gab drei Schwierigkeiten: Diese „Präparate" waren nicht besonders pflanzenverträglich und machten ihrerseits Blattschäden, dann gab es Unsicherheiten hinsichtlich des richtigen Anwendungszeitpunktes und schließlich fehlte es an geeigneten Spritzgeräten, die die Mittel in den Rebanlagen gut und gleichmäßig verteilen konnten. Die altertümlichen Feuerwehrspritzen aus den dörflichen „Spritzenhäusern" waren dafür nur bedingt geeignet. Aber ein ganz modernes Konzept, das gleichzeitig den hohen Standard der angewandten Biologie zu dieser Zeit charakterisiert, brach sich Bahn: Man wusste durch internationale wissenschaftliche Verbindungen, dass es in Amerika Wildreben gab, die hochgradig resistent gegen Mehltauerkrankungen waren. Es lag also nahe, diese Sorten einzuführen und zunächst in besonders befallsgefährdeten Lagen in Europa anzubauen.

So geschah es. Was dabei übersehen wurde war, dass genau diese Sorten an ihren Wurzeln einen winzigen, kaum stecknadelkopfgroßen Parasiten beherbergten, ein Insekt, das einen komplizierten Entwicklungszyklus hat und mit den robusten amerikanischen Weinstöcken in einem relativen Gleichgewicht lebte. Wirtspflanze und Parasit konnten miteinander existieren. Jedenfalls wurden in den Jahren 1858 bis 1862 solche „Amerikanerreben" nach Südfrankreich gebracht und mit ihnen, sozusagen als „blinder Passagier", die Reblaus. Was als Gegensteuerung gegen die Mehltauerkrankung gedacht war, mündete in eine neue Katastrophe. Denn die Reblaus befiel die gegen sie nicht immunisierten, wehrlosen europäischen Rebstöcke und richtete verheerende Schäden an. Schon nach 20 Jahren waren in Frankreich 24 Departements verseucht.

In Deutschland wurde aufgrund solcher Nachrichten 1873 die Einfuhr von Reben verboten. Dennoch traten bald vereinzelt Befallsherde auf, und 1881 wurde Totalbefall im Ahrtal festgestellt. Die Reichsregierung reagierte, und per Gesetz wurde 1904 vorgeschrieben, die Herde durch Vernichtung der befallenen Rebstöcke sowie derer in den angrenzenden Flächen auszuschalten. Ferner wurde eine Bodenentseuchung mit Schwefelkohlenstoff angeordnet. Das war schon ein fortgeschrittenes Stadium von Gegenmaßnahmen, denn natürlich hatte man zunächst versucht, der mysteriösen Krankheit, von der man geraume Zeit im Dunklen über die Ursache war, mit allerlei Hausmitteln zu begegnen. Die Symptombeschreibung im französischen Weinbau lautete erst einmal „*etise*", was etwa „Ausbreitung", „Herdbildung" bedeutet. Dann kam der Ausdruck „*Phylloxera*" auf, das heißt wörtlich: „Trockenblatt". Aber man wusste bei dieser Begriffsbestimmung überhaupt noch nichts über die Ursachenverkettung. Also wurden menschlicher Urin, Arsen und viele andere Chemikalien probiert, die entweder schlicht unwirksam, nur bedingt brauchbar oder in der Anwendung bedenklich waren. Die Wissenschaft kam in Gestalt des französischen Privatgelehrten H. I. E. Planchon auf den Plan. Er schloss aus der Tatsache, dass die Schäden sich stets von einem Zentrum aus langsam in alle Richtungen ausbreiteten, es müsse sich um eine Infektionskrankheit der Wurzeln handeln. Deshalb konsultierte er die damals höchste Autorität für Infektionskrankheiten, Louis Pasteur, und legte ihm seine Befunde vor. Die müssen offenbar so präzise gewesen sein, dass Pasteur klar folgern konnte, dass das „*agent infectieuse*" aus Amerika stammen müsse. Und das stimmte. Planchon ging daraufhin den offenbar bodenbürtigen Ursachen nach.

In den Jahrzehnten des Aufblühens der Bakteriologie – Louis Pasteur, Robert Koch und Max Pettenkofer stehen dafür – lag der Verdacht einer mikrobiologischen Ursache immer sofort im Denkbereich. Aber Planchon fand heraus, dass weder ein Pilz noch ein Bakterium, sondern ein winziges Insekt die Ursache war und dass die Infektionsherde allesamt von Amerikanerreben ausgingen, die als resistent gegen *Oidium* eingeführt worden waren. Man hatte den Teufel durch Beelzebub ausgetrieben. Denn die Schäden stiegen ins Unermessliche. Sie fügten Frankreich „*einen größeren wirtschaftlichen Schaden zu als der verheerende Krieg von 1870/71 und die nachfolgenden Reparationsleistungen an das Deutsche Reich*" – so ein englischer Autor in einem Rückblick von 1952. Merkwürdigerweise wird die wissenschaftliche Leistung von Planchon in der deutschsprachigen weinbauhistorischen Literatur wenig gewürdigt, obwohl er eine bemerkenswerte Zielstrebigkeit an den Tag legte. Er nahm Kontakt zu dem „Governmental Entomologist" – das ist so etwas wie ein Amtsarzt für Insektenkunde – in Missouri auf. Das war der berühmte Charles Riley. Der wusste, dass die Reblaus von jeher an amerikanischen Rebstöcken vorkommt. Aber durch einen jahrhundertelangen Anpassungsprozess zwischen den Insekten und ihren Wirtspflanzen habe sich ein Gleichgewichtsverhältnis eingependelt. Die Laus trete mit ihren freilebenden Stadien zwar gelegentlich als Blattschädling auf, aber die robusten Wurzeln litten nicht erkennbar unter dem Befall. Was lag näher, als die reblaustoleranten amerikanischen Wurzelstöcke einzuführen? Das war der Schlüssel zur Eindämmung der *Phylloxera* und eine der ersten und größten Aktionen „biologischer Schädlingsbekämpfung" in Europa. Diese amerikanischen, reblausresistenten Wurzelstöcke setzten sich im ganzen europäischen Weinbau als Pfropfunterlage durch, d.h. die alten europäischen Sorten konnten weiter verwendet werden, waren aber – im wahrsten Sinne des Wortes – auf eine neue Basis gestellt, auch botanisch gesehen.

Aber, Glanz und Elend vieler solcher genialen Lösungen: Die biologische Kettenreaktion war damit noch nicht abgeschlossen. Der europäische Weinbau kam aus der Krise nicht heraus, deren Folgen, die politischen, soziologischen und wirtschaftsgeographischen Umschichtungen unumkehrbar wurden. Sie waren durch das „*Oidium*“ ausgelöst und in unmittelbarer Konsequenz durch die Einschleppung der Reblaus verstärkt worden. Nur, leider, mit den reblausresistenten Wurzelstöcken wurde ein für Europa neuer, aggressiver Pilz importiert, der seither ein anhaltendes Rebschutzproblem geblieben ist.

Das dritte Glied in der Kette – Falscher Mehltau

War der Echte Mehltau der Auslöser und die Reblaus die „Nebenfolge“ einer versuchten Problemlösung, so war nun der Falsche Mehltau wiederum eine Nebenfolge der Bestrebung zur biologischen Bekämpfung der Reblaus. Der Erreger dieser Pilzkrankheit heißt *Plasmopara viticola.* Im weinbaulichen Sprachgebrauch „*Peronospora*“ genannt.

Die ersten Infektionsherde wurden 1878 in Frankreich entdeckt. Danach setzte bis 1885 eine relativ feuchte Witterungsperiode ein, die zu einer explosionsartigen, im europäischen Weinbau fast flächendeckenden Ausbreitung einer *Peronospora*-Epidemie führte, die erneut eine verzweifelte Situation schuf. Zwar waren die Wissenschaftler nicht mehr so hilflos wie beim Ausbruch der *Oidium*-Epidemie 30 Jahre zuvor, denn man hatte inzwischen viel über den Charakter von Pflanzenkrankheiten dazu gelernt. Man wusste, dass man es mit einer Infektion durch einen pilzlichen Erreger zu tun hatte. Die Diagnose wurde relativ schnell gestellt. Aber eine wirksame Therapie bot sich nicht an. Schwefel versagte. Resistente oder tolerante Rebsorten waren nicht zu finden. Um derartige Schwierigkeiten aufzulösen, bedarf es auch in der Wissenschaft gelegentlich des Zusammenspiels zwischen dem fundamentalen Wissen, einer scharfen Beobachtungsgabe und eines Zufalls, der beide Voraussetzungen zur Kristallisation bringt. Solche Momente der „Aha-Erlebnisse“ werden für Wendepunkte im Erkenntnisfortschritt aus mehreren Wissenschaftsdisziplinen überliefert und wohl auch gelegentlich legendär ausgeschmückt.

Im Falle der *Peronospora* hört sich das, in Kurzfassung, so an: Der französische Botanik-Professor Pierre Marie Alexis Millardet war ein Schüler des Begründers der Wissenschaft von den Pflanzenkrankheiten, A. de Bary, der die Ursachen der großen Kartoffelkatastrophe aufgeklärt hatte. Millardet selbst hat den Hergang in stilistisch hübscher Form beschrieben: *„Der Professor war, um sich vor Ort ein Bild von den schwer heimgesuchten Rebflächen zu verschaffen, in das Medoc gereist. Dort hatte er befallene und abgefallene Weinblätter gesammelt, um sie später mikroskopisch untersuchen zu können und um Anhaltspunkte für die Art der Krankheitsausbreitung zu gewinnen. Nach getaner Arbeit ging er in die Weinlaube eines kleinen Lokals in St. Julien, um ein Glas „Medoc“ zu trinken. Dort fiel ihm auf, dass die Trauben, die von der Pergola herunter hingen, vor Gesundheit nur so strotzten. Den ganzen Tag über hatte er nur Rebstöcke gesehen, die fast völlig entblättert und deren Trauben schrumpelig und unreif* *geblieben waren. Er sprang wie elektrisiert auf und ging zum Nachdenken ein Stück die Straße auf und ab. Und da sah er das Gleiche: In einem Streifen von zwei bis drei Metern entlang der Straße waren die Rebstöcke völlig gesund und trugen reife Trauben."*

Millardet sah sich die Blätter genauer an und fand darauf merkwürdige, bläulichweiße Flecken, die er zunächst für Vogelkot hielt. Aber das konnte nicht die Erklärung sein, denn eine derartig gleichmäßige Verteilung hätten Vögel wohl nicht bewerkstelligen können. Also stapfte er zurück und fragte den „Patron". Der grinste und rückte mit einer bauernschlauen Erklärung heraus: Man müsse sich ja dagegen wehren, dass die Kinder auf ihrem Schulweg und die bösen Buben des Dorfes die reifen Trauben mausen. Deshalb habe er am Wegrand eine Mischung aus Kupfervitriol, Löschkalk und Wasser ausgebracht. Das Kupfervitriol erzeuge einen Brechreiz und der Löschkalk markiere, dass die Trauben mit diesem Brechmittel behandelt sind. Das Signal lautete also: Wer diese Trauben klaut, kriegt das Kotzen. Diese Rebschutzmethode der besonderen Art hatte nach den Erfahrungen des Patrons noch immer funktioniert.

Aber die Wirkung dieses etwas drastischen Mittels zur Abwehr kleinerer Eigentumsdelikte im Weinbau ging über seine ursprüngliche Zweckbestimmung weit hinaus. Millardet erkannte sehr schnell, dass ihm der Zufall den Zugang zu einem bahnbrechenden „antifungalen Mittel", wie er es nannte, also zu einem Fungizid verschafft hatte. Natürlich experimentierte er weiter mit verschieden abgestuften Mischungen von Kupfersulfat und Kalkkomponenten. Das historische Ergebnis war die Bordeaux-Brühe, also eine Mischung aus Kupfersulfat, Löschkalk und Wasser. Als die *Peronospora* 1878 ausbrach, war guter Rat teuer, aber das als Bekämpfungsmittel gefundene Präparat war vergleichsweise billig. Kalk stand überall unbegrenzt zur Verfügung, wo es Mergel gab. Kupfervitriol war als Nebenprodukt der wegen der aufkommenden Verkabelung in der Elektrifizierung und der Rüstungsanstrengungen boomenden Kupferverhüttung leicht zu haben und Wasser gab es in jedem Dorfbrunnen.

Ein geeignetes Präparat zur Bekämpfung der *Peronospora* war also gefunden. Aber dessen praxisgerechte, gleichmäßige Ausbringung auf großen Flächen, also die Anwendungstechnik, war Voraussetzung dafür, die Infektion wirklich eindämmen zu können. Hier gab es einen gewissen Vorlauf. Zwischen 1870 und 1880 hatte man in Nordamerika die ersten Rückenspritzen entwickelt, die bei der Bekämpfung des Kartoffelkäfers verwendet wurden. Handbetriebene Druckpumpen gab es seit 1883, und schon 1887 kamen die fahrbaren Spritzen auf den Markt. Das mag schon als fachliche Spezialität erscheinen. Aber auch hier gibt es mehrere Rückkopplungen: de Bary hatte die Biologie der Jahrhundert-Epidemie der Kartoffel aufgeklärt. Der Erreger der *Phytophthora* ist eng verwandt mit der *Peronospora* der Reben. Millardet, de Bary`s Schüler, fand heraus, dass seine „Bordeaux-Brühe" ein wirksames „antifungales Mittel" war, das gegen den Falschen Mehltau der Reben eingesetzt werden konnte. Der naheliegende Versuch, das Präparat auch gegen die nach wie vor bedrohliche Kartoffelkrankheit zu verwenden, brachte hervorragende Resultate. Es war also möglich, beide epochalen Krankheiten unter Kontrolle zu bringen. Und das ist auch in der Tat gelungen. Nur: 1915 war Krieg, und dem Antrag des Landwirtschaftsministeriums auf Kupferzuteilung konnte „nicht stattgegeben" werden. Also verdarben die Kartoffeln, und die Menschen mussten hungern. Die *Peronospora* schlug in den Rebanlagen zu, der Ertrag sank abrupt auf 20 % des Normalen.

Es steht außer Frage, dass der Wein ein geschichtsbewegender Faktor ist. Damit ist nicht – oder vielleicht doch – gemeint, dass sicher viele politische Entscheidungen von den stimulierenden, assoziationsfördernden oder jedenfalls die Gehirnfunktionen verändernden Wirkungen des vergorenen Rebensaftes beeinflusst worden sind. Napoleons typische Geste – linke Hand rechts in die Weste rechts über den Oberbauch gesteckt – wird auf Leberzirrhose zurückgeführt. Bismarck hatte das berühmte „Portweinauge" und der Feldmarschall und Reichspräsident Hindenburg nicht weniger, beide mit den entsprechenden Tränensäcken. Vom Einfluss des Weines auf die Kreativität der Dichter, Komponisten, auch der Maler, nicht zu reden. Goethe, Beethoven, Rembrandt sind Beispiele. Aber das hat mit dem Thema „Ernten" wenig zu tun, schon eher mit „vini copia". Dabei wird der Wirtschaftsfaktor Wein oft übersehen. Seine Bedeutung ist so groß, dass anhaltende Ertragseinbußen zu Strukturveränderungen, soziologischen Umschichtungen, Umorientierung von Verbrauchergewohnheiten, Migration und diplomatischen, ja politischen Irritationen geführt haben. Die Schadensabfolge im 19. Jahrhundert ist ein besonders gut dokumentiertes, wahrscheinlich aber nicht das einzige Beispiel dafür.

Falscher Mehltau *(Plasmopara viticola)*

Schicksalspflanzen

Lebenselement und Machtmittel – Der Weizen

Der Weizen ist, noch vor dem Reis, die bedeutendste Kulturpflanze der Welt. Schon deshalb hat die Geschichte des Weizenbaus eine historische Dimension. Denn Weizen war und ist die wichtigste Nahrungsquelle der Menschheit.

Grundnahrungsmittel Brot

Gute oder schlechte Getreideernten haben vielfach über Wohlstand und Hunger entschieden. Machtpolitische Ambitionen, die Okkupation von „Kornkammern", also des Weizenreichtums anderer Regionen, haben zu Kriegen und geopolitischen Umschichtungen geführt. Weizen war stets auch ein politisches Instrument, hat Migrationsbewegungen ausgelöst und durch Verlagerung der Anbaugebiete in überseeische Erdteile zwischen dem 17. und 19. Jahrhundert zur Verschiebung der weltpolitischen Machtzentren beigetragen. Deshalb lohnt es sich, der Geschichte des Wechselspiels zwischen schlechten Weizenerträgen oder Missernten und erfolgreichem Anbau nachzugehen und deren historische Konsequenzen zu bedenken. Missernten sind ja nicht nur auf Einzeljahre oder auf begrenzte Perioden beschränkte Ereignisse, die durch Dürrezeiten, epidemisch auftretende Pflanzenkrankheiten und Schädlinge oder durch Kriegsereignisse bewirkt werden. Sie können auch chronische Erscheinungen sein, die auf ganz verschiedenen Ursachen beruhen, wie unzweckmäßigem Erbrecht, verfehlter Agrarpolitik, bornierter Ideologie, mangelndem Wissen der Landwirte, chronischen Verlusten durch Krankheiten und Schädlinge, auf agrarischer Misswirtschaft, auf Missmanagement und auf Missachtung der wichtigsten Produktionsvoraussetzungen. Daraus resultieren dann Erträge, die ständig weit unterhalb der Möglichkeiten liegen. Die Konsequenzen hatten und haben beträchtliche Dimensionen.

Die historische Dimension

Versucht man aus dieser Sicht noch einmal einen historischen Rückblick, dann fallen die naturbedingten Missernten zuerst ins Auge, weil sie wegen ihrer unmittelbaren, existenziellen Bedeutung am besten dokumentiert sind. Sie sind stets verzahnt mit der agrarpolitischen Komponente. Das mag noch einmal die Geschichte von Joseph und seinen Brüdern in den beiden ersten Büchern des Alten Testamentes zeigen. Führt man sie auf ihren agrarhistorischen Kern zurück, so ließe sich sagen, dass wahrscheinlich eine lang anhaltende Dürreperiode im

Ceres mit Kranz von Gerstenähren. Terrakottakopf spätes 2. Jhdt. v. Chr.
Der Name der römischen Getreidegöttin lebt noch im englischen Wort „*Cereals*" und in den Ceralien nach

Vorderen Orient Hungersnöte bedingt hat. Die Weizenpolitik der Pharaonen und die technisch überlegenen Einrichtungen zur verlustfreien Lagerung des Getreides aus Hochertragsjahren hat den Ägyptern eine Vormachtstellung verschafft, die letztlich zur Zwangsarbeit des Volkes Israel in Ägypten führte. Das hatte sich zur Wanderung („Migration") nach dorthin aufgemacht, weil zu Hause Hunger drohte. Als die „Großen Plagen", unter anderem durch Heuschrecken bedingt, die Pharaonen geschwächt hatten, gelang der „Exodus", die Flucht zurück ins „gelobte Land".

Ähnlich verflochten waren im weiteren historischen Ablauf übergreifende Entwicklungen, die den Hintergrund lieferten und zusammen mit Naturereignissen zu Auslösern von Krisen wurden. Die Abholzung der Waldvegetation im Mittelmeerraum hat zur Bodenerosion und – soweit die Bodenkrume nicht ins Meer geschwemmt wurde – zu einer Reduktion des Getreideanbaus auf die Tallagen und küstennahen Gebiete geführt. Diese interessante ökologische Verkettung, deren Beschreibung Plinius zugeschrieben wird und für den Tiber zutrifft, ist dafür nur ein Beispielsfall. Es liegt auf der Hand, dass die verbliebenen Flächen, wenn sich kurzfristige Ertragseinbrüche ereigneten, keine Überschüsse lieferten, die einen Ausgleich ermöglicht hätten. Die politische Konsequenz war, dass sich das römische Imperium die „Kornkammern" *(„granaria")* Nordafrikas sichern musste. Sie waren lebensnotwendig. Die punischen Kriege und die Unterwerfung des ptolemäischen Ägypten waren gewiss zunächst machtpolitisch begründet, mit der Notwendigkeit aber untrennbar verflochten, die Weizenversorgung Roms zu sichern.

Im Mittelalter schließlich – und das gilt besonders für das kontinentale Europa – hatte sich eine Agrarstruktur entwickelt, die in normalen Zeiten eine einigermaßen ausreichende Brotversorgung zuließ. Aber wenn sich Außergewöhnliches ereignete, gab es Not. Man muss sich vergegenwärtigen, dass das „Korn", also das Getreide, und speziell der Weizen, schlichthin die Ernährungsgrundlage war. Es gab auf dem Acker nur die „Halmfrucht". Die „Blattfrucht", wie Kartoffeln und Zuckerüben, kannte man noch nicht. Weil man deshalb keinen Fruchtwechsel betreiben konnte, musste man zur Bodenerholung jeweils ein Drittel des Ackerlandes brach liegen lassen. Auf der verbleibenden Fläche war auch noch, weil das durch Beweidung von Grünland nur begrenzt zu bewerkstelligen war, Futter für die Zugtiere, zum Beispiel Hafer und Futtergerste, anzubauen. Überschussernten für die menschliche Ernährung waren also auf der knappen Restfläche kaum zu erzielen. Diese sollte aber das tägliche Brot sichern. Wegen der überragenden Bedeutung des Brotgetreides als Ernährungsgrundlage schlechthin waren für lange Zeit Brotpreis, Hungersnöte und Teuerung zusammenhängende Begriffe.

Ein Beispiel für die große Zahl von urkundlichen Belegen bildet die in Stein gemeißelte Maßeinheit für Brot am dem Markt zugewandten Turmstrebepfeiler des Freiburger Münsters (S. 37). Im „Normaljahr“ 1320 war ein Brotlaib etwa fünfmal größer als in den Hungerjahren 1270 und 1313. So ist es verständlich, dass das Wort „Brot“ im Sprachgebrauch eine Bedeutungserweiterung erfahren hat, in dem Sinne, dass es auch für den allgemeinen Lebensunterhalt überhaupt benutzt wird, wie die Wendungen „Broterwerb“, „Brotgeber“ oder „Brotstudium“ oder auch die Bitte um das „tägliche Brot“ im „Vater unser“ zeigen. Die zentrale Bedeutung des Brotes hat auch dazu geführt, dass Einzelereignisse, die die Weizenernten dezimiert haben, fast durchgängig aufgezeichnet worden sind. Das konnten Dürre, Frost, Hagel, Pflanzenkrankheiten wie Rost oder Brand oder „Auswinterung“ sein. Häufig waren es die Heuschrecken, das Massenauftreten von Feldmäusen oder auch Epidemien, die die Menschen erfassten und sie dann daran hinderten, das Land ausreichend zu bebauen. Oft genug waren Kriegswirren dafür verantwortlich, dass die Felder verwüstet, die Scheunen und Ställe ausgeplündert oder angezündet wurden. Dann fehlte es an Wintervorräten, Saatgetreide, Zugtieren, vor allem den Ochsen für die Feldbestellung, auch wenn die Bauernfamilien selbst unversehrt blieben. Die Beispiele für solche Vorgänge sind so zahlreich, dass sie fast eine eigene Literaturgattung bilden, namentlich aus der Zeit des Dreißigjährigen Krieges. Zwar mögen solche Ereignisse im Hinblick auf die jeweiligen Ernteausfälle keine unmittelbaren Auswirkungen gehabt haben, die sich an bestimmten Geschichtsabläufen festmachen lassen, aber die ständige Existenzbedrohung und die immer wiederkehrenden Perioden von Mangel- oder Fehlernährung bedeuteten eine Schwächung der individuellen Leistungsfähigkeit und der allgemeinen Wirtschaftskraft, die den Spielraum für staatliches Handeln erheblich eingeschränkt haben müssen.

Tiefer liegende Krisenursachen

Trotz der schweren Einzelschicksale und der Notzeiten, die zum Geschichtsbild gehören, lagen und liegen die Gründe für die großen Weizenkrisen tiefer. Selbst so fernliegend erscheinende Fragen wie das bäuerliche Erbrecht haben langfristig Auswirkungen gehabt, die im Einzelnen schwer nachweisbar sein mögen, aber eine erhebliche Rolle gespielt haben. Ein gutes Beispiel bietet die Entwicklung im südwestlichen Deutschland. Der dem alemannischen und schwäbischen Volksschlag eigene, ausgeprägte Gerechtigkeitssinn mündete darin, dass alle Kinder zu gleichen Teilen Hoferben wurden, d.h. das Eigentum, einschließlich der bewirtschafteten Fläche, wurde bei jedem Erbgang gestückelt.

Da nun Weizenbau nur auf größeren, zusammenhängenden Flächen sinnvoll zu betreiben ist, reichten die schmalen „Handtücher", die schließlich für die einzelnen Nachkommen übrig blieben, nicht mehr für ein Familieneinkommen aus. Es gab vier Möglichkeiten: Man lernte einen soliden handwerklichen Beruf und bewirtschaftete die verbliebene kleine Fläche nebenbei, ergriff einen geistlichen Beruf, wurde Söldner oder wanderte aus. Das ist die Ursache für die vielen so genannten „landwirtschaftlichen Nebenerwerbsbetriebe" in den heutigen Bundesländern Baden-Württemberg und Rheinland-Pfalz, oder man wurde Geistlicher bzw. Mönch. Oder man wanderte aus. Das heutige Landeswappen von Rheinland-Pfalz zeigt das Mainzer Bischofsrad, den Wittelsbacher Löwen und das Kreuzsymbol des Bistums Speyer, was spöttisch als Charakteristikum der Kleinflächenwirtschaft interpretiert wird: Das Fahrrad, die Ziege und die Ideale. Der Spott ist unangebracht, denn genau aus diesem Milieu ist die den Südwesten Deutschlands wirtschaftlich prägende und grundsolide mittelständische Industrie entstanden. Wer diesen Weg nicht ging, hatte, wenn er nicht Geistlicher wurde, nur die Alternative auszuwandern. Hier war nicht, wie bei den Iren zur Zeit der Kartoffelkatastrophe, die nackte Not der Beweggrund, sondern die Einsicht, dass es zu Hause nicht mehr langte und dass man ein wirtschaftliches Fortkommen im Vertrauen auf eigene Tüchtigkeit und die Gunst der Verhältnisse in Amerika suchen müsse. Aber auch das sogenannte Anerbenrecht, also die Hofübergabe auf jeweils nur einen, meist den ältesten Sohn, hatte ähnliche Konsequenzen. Wer sich nicht als Knecht im Familienbetrieb verdingte, keinen Ausweichberuf anstrebte und Landwirt bleiben wollte, dem boten sich Perspektiven in Übersee und namentlich in Nordamerika. Hier hatte man die Aussicht zu verlockenden Bedingungen Land in Besitz zu nehmen, da die Einwanderungspolitik tüchtige, leistungsfähige Menschen mit Aufbauwillen und Durchsetzungsfähigkeit begünstigte. Das Land bedurfte der „settlers", die fähig waren, die ernährungswirtschaftliche Basis für die aufblühende Nation zu schaffen.

Gewiss stellten die Bauernsöhne nicht das größte Kontingent der Einwanderer. Aber sie brachten einige Voraussetzungen mit, deren Bedeutung sehr hoch eingeschätzt werden muss. Dazu gehörten ihre Kenntnisse, ihre selbstverständliche Vertrautheit mit allen landwirtschaftlichen Zusammenhängen und Bewirtschaftungsmethoden, von der Bodenbeurteilung, der Bodenbearbeitung über die Aussaat und Bestandespflege und Ernte bis hin zum richtigen Umgang mit dem Erntegut und eine gute physische Kondition. Das alles exportierten sie aus ihren Heimatländern nach Amerika – und sie brachten Weizen-Saatgut mit.

Auswanderung nach Amerika – der Weizen geht mit

Den Weizen gab es vor der europäischen Besiedlung Amerikas auf diesem Kontinent nicht. Heute liefert Nordamerika etwa ein Viertel der Weltproduktion an Weizen, eine Entwicklung, die sich zwischen 1820 und 1830 anbahnte, als die Siedler über den Eigenbedarf hinaus für den Markt zu produzieren begannen. Es ist ein Phänomen von welthistorischer Größenordnung, dass der prosperierende amerikanische Weizenbau es im 19. Jahrhundert in einer Zeitspanne von nur fünfzig bis sechzig Jahren vermocht hat, allen Widrigkeiten zum Trotz auf dem Weltmarkt beherrschend zu werden. Dieser von vielen Rückschlägen, ökologischen, soziologischen, wirtschaftlichen und politischen Krisen immer wieder bedrohte und blockierte Weg ist so bemerkenswert, dass er hier in großen Zügen nachgezeichnet werden soll.

Die große Chance des damaligen, agrarisch geprägten Nordamerika lag in der Nachfrage nach Getreide auf dem Weltmarkt. Die industrielle Revolution, die in Europa im 19. Jahrhundert zu tiefgreifenden Veränderungen führte, hatte dort eine Bevölkerungskonzentration in den Städten und Industriegebieten bewirkt. Die heimische Landwirtschaft konnte deren Versorgung mit Nahrungsgütern nicht ausreichend bedienen. Also musste importiert werden. Und Amerika konnte zunehmend liefern und begann von da an – und bis heute – den Weltgetreidemarkt zu dominieren. Die Preisnotierungen von Chicago und Winnipeg wurden maßgebend für die internationale Bewertung. Hierbei griff das Federal Government durchaus regulierend in die Preispolitik ein. Es kaufte in Zeiten der Überproduktion gewaltige Mengen von Weizen auf. Die Voraussetzung dafür war die Schaffung einer ausreichenden Lagerkapazität, also der Bau von Getreidespeichern, die hinlänglich belüftbar waren und von Vorratsschädlingen, wie Kornkäfern oder Nagern, d.h. Ratten und Mäusen, freigehalten werden konnten. Durch diese Aufkäufe konnten kräftige Preisausschläge gedämpft und somit das jahrtausendealte Problem von Getreidemangel, Teuerung und Notzeiten durchbrochen werden. Eine neue Dimension schuf die „strategische Weizenreserve", die die USA im Zuge dieser Politik aufbaute. Sie überschreitet, nach Schätzungen, gegenwärtig die gewaltige Menge von weit über einer Milliarde Tonnen Weizen, die der Regierung für das „political management", wie der diplomatische Fachausdruck lautet, zur Verfügung steht. Es handelt sich darum, dass das „Government" im Krisen- oder Kriegsfalle stets auf ausreichende Nahrungsvorräte für die Bevölkerung und die Truppen zurückgreifen kann und darüber hinaus mit der „Weizenwaffe" über ein wirksames Instrument verfügt, um Verbündete zu unterstützen oder politische Konkurrenten unter Druck zu setzen. Man kann ihnen „den Weizenhahn zudrehen".

Aber es war ein weiter Weg von den frühen Siedlern, die zu Weizenfarmern wurden, bis zum Weltmachtfaktor Weizen. Es soll versucht werden, hier eine Skizze zu geben. In dem sicher auch durch Hollywood geprägten Bild vom Prozess der Besiedlung (oder der Landnahme) in Nordamerika spielt die Figur des soliden, hart arbeitenden Weizenfarmers eine merkwürdig untergeordnete Rolle. Und doch ist die Geschichte der „Great Plains" geprägt vom Vordringen des Weizenbaus in diese Herzregion Nordamerikas. Geografisch erstreckt sich diese im kontinentalen Klimabereich von Alberta und Sasketchewan in Kanada über Montana, North- und South-Dakota über den ganzen mittleren Westen mit Wyoming, Kansas, Colorado bis nach New Mexico und Texas im Süden. Diese riesige Fläche von etwa 3.200 km Länge und 640 bis 1.100 km Breite stellte die Siedler vor Probleme, die schwer zu bewältigen waren, die aber im Zentrum der geschichtlichen Entwicklung Nordamerikas standen. Im Grunde lassen sich alle Schwierigkeiten, die sich den „early settlers" oder „pioneers" entgegenstellten, auf die gigantisch große Weite zurückführen, mit der man umzugehen lernen musste, wenn man aus der europäischen Kleinflächigkeit mit ihren juristisch ausgeklügelten Eigentumsregelungen kam.

Wem gehörte das Land?

Es war genug Land da. Aber wem gehörte es eigentlich? Die Struktur war archaisch. Das dünn besiedelte Gebiet westlich der Appalachen war das Jagdterritorium von Indianerstämmen, die dem Zug der Büffelherden, ihrer Jagdbeute, folgten. Sie standen buchstäblich auf der Kulturstufe der Jäger und Sammler, denn sie deckten ihren Bedarf an Nahrung durch die Jagd und das Sammeln von wildwachsenden Früchten und Sämereien. Kleidung und Behausung lieferte das Büffelleder, denn das Mitziehen mit den Herden der Beutetiere erlaubte keine Sesshaftigkeit. Man lebte in Zelten aus Büffelhäuten, die entsprechend der nomadischen Lebensweise leicht aufzuschlagen, abzubauen und zu transportieren waren. Die Revierabgrenzung zwischen den einzelnen Stämmen folgte offenbar den Verhaltensmustern, die später Konrad Lorenz meisterlich beschrieben hat. Regelrechte Revierkämpfe waren selten. Vielmehr verständigte man sich durch Demonstration von Stärke („Imponiergehabe"), Austausch von friedenstiftenden Geschenken, Entwicklung einer Zeichensprache und ein System der Nachrichtengebung über weite Distanzen, das wahrscheinlich der Mitteilung über Wildbewegungen diente. Da die Indianer die Tabakpflanze kannten und sie rauchbar präparieren konnten, haben sie auch das Ritual der Friedenspfeife entwickelt. Die vernünftige, durch die Weite des Raums begünstigte Interessenabgrenzung zwischen den Stämmen hat den nordamerikanischen Indianern den Ruf des Edelmutes eingebracht. Als Jäger hatten sie zudem tiefe Einblicke in das Naturgeschehen und in ökologische Zusammenhänge. Aus dem Nomadentum ergab sich zwangsläufig eine „naturgemäße" Lebensweise. Kein Wunder, dass eine Art Indianermythos anhaltend große Faszination auf Zivilisationsmenschen und insbesondere junge Menschen der Industrieländer ausübt.

Wer siedeln und Weizen anbauen will, braucht mehr als Absprachen über Revierabgrenzungen. Das also war das erste Problem: Gehörte den Indianern das Land? Einen Eigentumsbegriff dieser Art gab es bei den Stämmen nicht. Sie lebten in dem selbstverständlichen Bewusstsein, dass die ganze Prärie zu ihrer freien Verfügung stand. Hier taucht, in neuer Dimension, das alte Kain/Abel- Problem auf: Sesshafte Landwirtschaft und Nomadentum vertragen sich nicht miteinander. Bei aller Sympathie für Winnetou: Kulturgeschichtlich hatten die Indianer keine Chance. Das war allerdings kein sehr wirksamer Trost für die Siedler, die ihre Niederlassungen beständig durch den örtlich jeweils dominierenden Indianerstamm bedroht sahen. Zudem: Die Indianer hatten inzwischen von den Weißen Pferde erwerben können. Auch Waffenhändler, denen es nur um die Zahlungsfähigkeit ihrer Kunden ging, gab es damals schon. So konnten die „Rothäute" Schusswaffen erwerben und wurden hervorragende Reiter und Schützen. Ihre Überfälle richteten Tragödien in den Siedlerfamilien an und warfen die agrikulturelle Entwicklung immer wieder weit zurück.

Das Naturrecht der Indianer stand also dem Eigentumsanspruch der Siedler entgegen. Während die Indianerstämme unter sich ihre Revierinteressen vernünftig abzustimmen vermochten, ergab sich genau hier für die Weißen das nächste eigentumsrechtliche Problem. Theoretisch gehörte das Land zu Zeiten der englischen Kolonialherrschaft der Krone, später dem Government. Aber London war weit und die nordamerikanischen Verwaltungszentren waren nicht sehr nahe und vor Ort nicht besonders durchsetzungsfähig. Auch delegierte die Regierung die Landaufteilung an mehrere „Companies", bei denen viel Geld hängen blieb und deren Entscheidungskriterien nicht immer durchschaubar waren. Die „American Peoples Encyclopedia" (Bd. 15, 1970) schreibt unter dem Stichwort „Pioneer Life": *„Die Siedler der Pioniergenerationen müssen vielen, sehr verschiedenen sozialen Herkommensstrukturen zugerechnet werden. Je nach Besiedlungszeitpunkt und –ort gab es erhebliche Unterschiede. Aber sie alle hatten eine Reihe gemeinsamer Grundeigenschaften: Den Wunsch, durch Landbesitz zu besseren Lebensbedingungen zu finden, die Aversion gegen politische Einmischungen und den Willen, ihre Ziele ungeachtet von Gefahren und Bedrohungen durchzusetzen."*

Das war eine explosive Mischung, denn der mit Gewinnstreben gekoppelte unbändige Freiheitswille betätigte sich unter rechtlich nur notdürftig gesicherten Rahmenbedingungen. Das Recht des Stärkeren und ein massiver Sozialdarwinismus bestimmten die Lebenswirklichkeit. In jedem neuen Siedlungsgebiet, den „frontiers", gab es sogenannte „squatters". Das ist eine spezifisch amerikanische Vokabel und bezeichnet illegale Siedler ohne Rechtstitel. Da half es wenig, wenn von der Regierung eingewiesene „pioneers" mit einem Berechtigungsschein auf „public land" oder einer Landzuweisung aufgrund der „Homestead Act" auftauchten. Für das, was sich dann oft abspielte, ist der Ausdruck „Verdrängungswettbewerb" eine milde Umschreibung von buchstäblichen Überlebenskämpfen.

Die „Homestead Act" war eine gezielte Maßnahme, um Siedler sesshaft zu machen. Die wörtliche Übersetzung ins Deutsche, „Heimstatt", schafft allzu beschauliche Assoziationen. Beschaulich war es nicht. Vielmehr konnten Kriegsveteranen, Männer, die sich im Öffentlichen Dienst bewährt hatten oder ausgewiesene Qualifikationen hatten, Landzuteilungen beantragen und erhielten dann 320, später 640 acres zur freien Bewirtschaftung, das sind 130 bzw. 260 ha. Nach zentraleuropäischen Begriffen ein schönes Stück Land, in der Weite der Prärie aber das Existenzminimum. Vor allem aber: Wenn man es denn in Besitz nehmen konnte, musste man die Gebäude aus eigener Kraft errichten, die notwendigen Gerätschaften, das Saatgut, die Zugtiere, kurz die gesamte Farmausstattung beschaffen, erarbeiten und finanzieren und – ganz entscheidend – die Wasserversorgung sicherstellen.

Und genau das war die nächste Herausforderung, um mit der Weite des Raumes fertig zu werden. Es ging ja nicht um die Fläche allein, sondern um ihre Bewirtschaftbarkeit. Da gab es die zwei prinzipiellen, klassischen Optionen: Weidewirtschaft und Ackerbau.

Die große Konkurrenz – Weidewirtschaft und Ackerbau

Das bedeutet: Die Interessen der Rinderzucht und der großflächigen Umwandlung der Prärie in Ackerland stießen hart aufeinander. So ist es in vielen Wildwestgeschichten und Filmen nachgezeichnet worden und – trotz aller Heroisierung – wegen der Brutalitäten, die es gegeben hat, noch heute ein amerikanisches Trauma.

Am Ende konnte nur eine Aufteilung stehen, die sich an den Erfordernissen der Standorte, der Marktlage und der Infrastruktur orientierte. So war der Gesichtspunkt der Marktnähe für die Herdenbesitzer vorrangig: Wenn die Rinder bis zur Schlachtreife geweidet worden waren und ein ideales Verhältnis von Gesamtgewicht, Fleisch- und Fettanteil erreicht hatten, mussten sie zu den großen Zentren der Fleischindustrie, z.B. den Schlachthöfen von Chicago, getrieben werden. Besser gesagt: Sie sollten möglichst nahe bis an den Bestimmungsort geweidet werden, denn nur so ließen sich Qualitätseinbußen vermeiden, die durch den Energieverlust beim Eintreiben über ausgedehnte, weidelose Distanzen zwangsläufig sind. Das Ideal wäre eine Weidefläche bis vor die Tore der Schlachthöfe gewesen. Letztlich entscheidend war aber die jeweils beste Eignung der Landschaftsräume für eine dauerhafte Nutzung. Im Ergebnis fiel der östliche Teil der Prärie mit fruchtbaren Böden und einem Jahresniederschlag von 400–500 mm an den Weizenbau, während die westlichen Gebiete mit nur ca. 300 mm Niederschlag Gras- und Weideland blieben, so dass der Faktor Wasser zum Kriterium für die Nutzungsart geworden ist.

Damit also gab es den „Wheat Belt“, den Weizengürtel, der große Teile der zentralen und südlichen Great Plains, wo vor allem Winterweizen angebaut wird, und der nördlichen Great Plains, wo der Sommerweizen zu Hause ist, umfasst. Kansas und North Dakota bilden das Zentrum, flankiert von Oklahoma, Montana, Washington, Nebraska, Texas, Colorado, Idaho, Illinois, Michigan und Ohio. Das entspricht einer Fläche von rund 214.000 km^2. Zum Vergleich: Die Alten Bundesländer der Bundesrepublik Deutschland umfassten 1989 247.000 km^2. Eine Fläche dieser Größenordnung, ausschließlich mit Weizenfeldern bedeckt, durchrationalisiert bewirtschaftet und in der Ertragsleistung den Marktbedürfnissen angepasst, wurde zum Wirtschaftsfaktor erster Ordnung und zu einem wirksamen politischen Instrument. Das verschaffte den Vereinigten Staaten eine Sicherheit, die einen erweiterten Handlungsspielraum ermöglichte. Die „Autarkie“, also die Unabhängigkeit von Importen, war hergestellt. Es wäre interessant, der Frage nachzugehen, wie diese Tatsache die politischen Strömungen des Isolationismus einerseits und der Befürwortung des weltpolitischen Engagements der USA andrerseits beeinflusst hat. Die Verfechter des Isolationismus gingen davon aus, dass die USA in sich selbst alle Ressourcen zur Verfügung hatten, die sie vom Geschehen im „Rest der Welt“ unabhängig machten. Gewiss war das volkswirtschaftlich und handelspolitisch unrealistisch, denn es gab längst eine Überschussproduktion, die auf dem Weltmarkt untergebracht werden musste, wenn der Wohlstand gesichert werden sollte. Aber allein der gedankliche Ansatz beruht auf dem Bewusstsein einer selbstverständlichen Selbstversorgung in der Nahrungsmittelproduktion. Diese ergab sich zu einem erheblichen Teil aus der Dominanz Nordamerikas in der Weizenwirtschaft.

Krisen und Krisenmanagement

Die Entwicklung, die dazu geführt hatte, war nicht frei von Rückschlägen und Krisen, und es wäre fahrlässig, der heutigen Situation Krisenfestigkeit zu bescheinigen. Die Ursachen dafür bieten ein ökologisch-ökonomisches Lehrstück. Dessen wesentliche Elemente sind:

- Die Prärie hatte sich während der langen Vegetationsgeschichte zu einem Lebensraum entwickelt, der den durch Klima und Boden vorgegebenen Standortbedingungen entsprach und relativ stabil war. Sie wurde nun umgepflügt und in Ackerfläche umgewandelt.
- Die eingeführte Kulturpflanze, der Weizen, war auf dem neuen Kontinent nicht heimisch. Sie fand zwar gute Wachstumsbedingungen vor, war aber nicht in ökologische Systeme eingebunden, wie sie sich in ihren Herkunftsgebieten mehr oder weniger eingependelt hatten.
- Die Notwendigkeit zur großflächigen Bewirtschaftung erzwang und begünstigte einen Grad von Mechanisierung und Schematismus im Anbau, der zu großer Produktivität, aber auch zu erhöhter ökologischer Anfälligkeit geführt hat.

Das bedarf der Erläuterung.

Aus Prärie wird Weizenboden

Die Prärie gehört vegetationskundlich zu den Steppen, die ganz allgemein durch weitgehend baumlose, offene Graslandschaften gekennzeichnet sind. Geringe Niederschläge erlauben keinen üppigen Pflanzenwuchs. Je nach Bodenverhältnissen und Wasserzufuhr haben sich verschiedene Typen von Steppen auf der Erde ausgebildet, denen allen gemeinsam ist, dass sie nach dem Begriffssystem der Ökologie „Klimaxzustände" darstellen. Was bedeutet das?

Aus dem Zusammenspiel der in der Evolution wirksamen Kräfte ergeben sich bestimmte Landschaftsausprägungen, die lang anhaltende Zustände der Ausgewogenheit darstellen. Es gibt keine unverrückbaren biologischen Gleichgewichte, noch gibt es Endzustände, die der weiteren Entwicklung entzogen wären, sehr wohl aber Vegetationstypen, die über lange Zeiträume hinweg prägend für einen Lebensraum sind, eben „Klimaxzustände". Das Wort stammt von der griechischen Vokabel für die Leiter und steht dann in übertragenem Sinn für das Erreichen einer Gipfelplattform.

Die Prärie war ein solches Ökosystem von relativer Stabilität. Sie erstreckte sich über große Teile des Kontinents. Die Böden waren vom Nährstoffvorrat und Humusgehalt her äußerst fruchtbar, die Grassteppe hielt den Boden fest, hatte einen geringen Wasserbedarf und bot Großtieren, die ein weites Weideland benötigten, wie den Büffeln, hinreichenden Lebensraum, darüber hinaus aber auch zahlreichen kleinen Säugetieren, wie den „Gophers", einer Art von Erdmäusen und anderen Kleinnagern. Heuschrecken gehörten zu den auffälligsten Insektenordnungen in der Prärie. Sie fraßen die Steppengräser, haben aber die Prärie, die ja keine Nutzfläche war, nie vernichtet. Wo es keine Nutzung gibt, gibt es auch keine Schäden, und die Vegetation konnte sich aus ihrem Wurzelwerk immer wieder regenerieren. Das System selbst blieb erhalten.

Nun wurden diese Flächen in einem Zeitraum von nicht einmal einem Jahrhundert unter den Pflug genommen und in Ackerland umgewandelt. Damit wurde eine unermessliche Fläche freigelegt. Sie war mit offener, von Bewuchs nicht mehr geschützter Bodenkrume allen Erosionskräften ausgesetzt, von der Weizenernte über die Aussaat bis zu dem Zeitpunkt des „Bestandesschlusses", also der vollständigen Bodenbedeckung durch die Kulturpflanze. Und das in einer nahezu flachen Landschaft mit kontinentalem Klima, das ohnehin für Austrocknung sorgt und eine ständige Luftbewegung bewirkt. Die leichten Partikel des schwarzerdeartigen Bodens hatten also untereinander über lange Strecken des Jahres keine Feuchtigkeitshaftung mehr und konnten so vom Wind abgetragen werden.

Da man großflächig wirtschaftete, wurde auch wenig Vorsorge darauf verwendet, die Windbewegung durch Strukturierung der Flächen, durch Gliederung in Anbausysteme oder gar durch „Windriegel" wie Hecken oder Sträucher zu unterbrechen. Solche, heute nachträglich plausibel erscheinenden Möglichkeiten sind im Grunde anachronistisch. Man ging damals von einer riesigen Anbaufläche aus, die Weizen in Fülle lieferte. Es muss geradezu ein privat- und volkswirtschaftlicher Rauschzustand gewesen sein, der diesen „boom" begleitet hat.

Er wurde fast buchstäblich weggeblasen. Die Winderosion schuf Probleme, die bis weit in das 20. Jahrhundert hinein Krisensituationen heraufbeschworen haben und bis heute noch nicht befriedigend gelöst sind. Namentlich die oberste, fruchtbare Bodenkrume wurde vom Wind abgetragen, in einigen Gebieten zu 75 %. Ein Teil dieses Materials sammelte sich in den Zuflüssen des Mississippi und im Mississippi selbst. Nach Schätzungen lagern sich im Mündungs-Delta, in dem der Hafen von New Orleans liegt, jährlich mehrere Millionen Tonnen von Bodenpartikeln ab, eine unabsehbare Menge wird ins Meer transportiert. Der Gesamtverlust an Bodenkrume, den die USA erleiden, wird mit jährlich 783 Millionen Tonnen beziffert! In die amerikanische Sprache sind die Begriffe „dust bowl", das sind „Staubstürme", und „black blizzards" eingegangen. Ein Blizzard ist eigentlich ein Schneesturm. Aber hier trugen die Stürme keine weiße Schneefracht, sondern die wertvollen Humuspartikel der Schwarzerden – unwiederbringlich verloren und nicht regenerierbar.

Geradezu dramatische Formen nahm das in den Jahren nach 1930 an. Eine Serie von Dürrejahren hatte den Oberboden ausgetrocknet. Die Hitze führte zu erheblichen Luftdruckunterschieden und damit zu starker Windentwicklung mit der Folge, dass auf dem Höhepunkt dieser Witterungsperiode, 1934, täglich (!) 300

Millionen Tonnen fruchtbaren Weizenbodens von den Stürmen abgetragen wurden. Ähnlich verheerende „dust bowls“ wiederholten sich 1936 und 1937. Ein Teil der Farmer geriet in eine verzweifelte Situation. Die Ertragskraft ihrer Böden war aufs schwerste geschädigt, so dass der Vermögenswert ihres Grundbesitzes in kurzer Zeit dezimiert wurde. Wenn dieser als Sicherheit für Kredite gedient hatte, dann war nun die Beleihungsgrenze häufig unterschritten, das heißt viele Weizenbauern waren plötzlich überschuldet und mussten ihre Betriebe den Banken überlassen. Es setzte eine Landflucht ein. Die Weizenpreise schlugen Kapriolen. Die Unsicherheit darüber, in welchem Umfang eine ackerbauliche Nutzung fortgesetzt werden konnte, gab der Bodenspekulation Nahrung. Das alles spielte sich vor dem Hintergrund der gerade erst knapp überwundenen Weltwirtschaftskrise ab. Der New Yorker „Börsencrash“ vom 24.10.1929 hatte die Wirtschaftssituation weltweit in eine zuvor nicht gekannte Krise gestürzt, der Welthandel brach zusammen, Konkurse, Massenarbeitslosigkeit und Mutlosigkeit waren die Folge. Das war nicht nur Episode. Die Krise hielt bis 1932 an, aber das wirtschaftliche Selbstbewusstsein Amerikas hatte nachhaltig gelitten. Genau an diese Verunsicherung schloss sich die Erosionskatastrophe an und verstärkte die allgemeine Ratlosigkeit und zum Teil wohl auch die Überreaktionen der Banken.

Agrarpolitisch war es eine wichtige Konsequenz, dass sich der Weizenbau mehr in die relativ niederschlagsreicheren Zonen der Great Plains verlagerte und damit die Weidewirtschaft bedeutende Flächen zurück gewann. Darüber hinaus leitete das US-Department of Agriculture 1934 ein groß angelegtes Programm ein, das der Erosion entgegenwirken sollte. Dazu gehörten die Anpflanzung von Windriegeln aus Bäumen und Sträuchern, Bewässerungssysteme und die Förderung von für Trockengebiete geeigneten Anbaumethoden (*dry land farming*). Dies alles konnte die Erosion zwar nicht stoppen, aber es konnte sie mildern. Freilich: Nach dem Zweiten Weltkrieg stiegen die Weizenpreise beträchtlich an, es gab auch eine Reihe von Jahren mit höheren Niederschlägen. Also dehnte sich der Weizenanbau wieder aus. Bis es in den Jahren nach 1950 wieder zu einer Trockenperiode kam, die erneut massive Bodenverluste durch Staubstürme brachte.

Das Problem der ständigen Bodenerosion aus der umgebrochenen Prärie ist bis heute ungelöst und gleicht einer tickenden Zeitbombe, die allerdings wohl, dank der großen Flächenreserven, eine sehr lange Zündschnur hat. Der Mississippi führt nach wie vor braunes Wasser. Deshalb müssen die Sedimente aus dem Hafen von New Orleans ständig ausgebaggert werden und das Delta liegt inzwischen beträchtlich höher als die Stadt, die durch Deiche und Pumpen geschützt werden muss. Die Verlandungszone schiebt sich immer weiter in den Golf hinaus, in Louisiana haben sich verbreitet Sümpfe gebildet. Das Gebiet hatte bis 1947 ein endemisches Malariavorkommen, das dann mit DDT saniert wurde. Das erinnert verblüffend an die Plinius zugeschriebene Schilderung (vgl. S. 24 ff) über die Erosion der Sabiner Berge und des Apennin, die Braunfärbung des Tiber und die Verlandung des Hafens von Ostia vor über 2000 Jahren. Wie die jüngste Vergangenheit zeigt, gehen ökologische Kettenreaktionen weiter. Der Hurrikan, der 2005 die Deiche, die New Orleans schützen sollten, durchbrach und die Stadt mit Schlamm und Wasser volllaufen ließ, war ein Auslöser der Katastrophe. Die Ursachen liegen in der Erosion der Great Plains.

Weizen in der Fremde – eine anfällige Kulturpflanze

Die Übertragung von Kulturpflanzen aus ihren Herkunftsgebieten in andere Regionen hat stets zu Problemen geführt. Einer der Gründe dafür ist, dass jede Pflanze auch immer eine Nahrungsquelle, ein „Wirt“ für andere Organismen ist. Man nennt das in der Phytopathologie, der Wissenschaft von den Pflanzenkrankheiten, die „Wirt-Parasit-Beziehung“. Das ist ein kompliziertes Wechselspiel, das sich so erläutern lässt: Der Anbau einer Kulturpflanzenart liefert immer ein reichliches „Wirtsangebot“, also eine reichliche Nahrungsquelle für alle die Arten, die von ihr leben. Aber im Laufe der Entwicklungsgeschichte haben die Kulturpflanzen in ihren Heimatregionen Abwehrmechanismen aufgebaut. So wurden alte Landsorten mit Pilzinfektionen besser fertig als spätere Züchtungen, die einen höheren Ertrag oder Qualitätsverbesserungen zum Ziele hatten. Auch haben die Anbauerfahrungen der Landwirte dazu beigetragen, dass sich das Saatgut der auf regionalen Standorten gesund gedeihenden Herkünfte durchsetzte. Solche Erfahrungen fehlten zunächst in neuen Anbaugebieten.

Es gibt weitere Gründe für zum Teil schwer kalkulierbare Risiken. So kann es sein, dass Pilzarten oder Insekten, die im bisherigen Areal zuvor nur vereinzelt an Wildpflanzen lebten, in der nun großflächig angebauten Kulturpflanze einen idealen Wirt vorgesetzt bekamen. Das Beispiel des Kartoffelkäfers hat es gezeigt, denn dieser „Colorado beetle“ hatte als relativ seltene Art an wildwachsenden Nachtschattenpflanzen gelebt, bis ihm die Kartoffel angeboten wurde, eine Nahrungspflanze, die ihm offenbar mehr zusagte als seine angestammten Wirte. Und damit wurde der Kartoffelkäfer zu einem Schädling von Weltbedeutung (vgl. S. 76 ff). Beim Transfer einer Kulturpflanzenart von einem Kontinent in einen anderen ist es zudem unvermeidlich, dass Krankheitserreger oder Schädlinge aus dem Heimatland mit eingeschleppt werden. Es mag eine Weile dauern, bis daraus im neuen Anbaugebiet eine Epidemie wird, weil auch die Schadorganismen sich an den neuen Lebensraum anpassen müssen oder neue Erregerstämme herausbilden, aber ausgrenzen kann man sie nicht.

Und schließlich verlangt ein neues Anbaugebiet auch veränderte Bewirtschaftungsmethoden, die sich in Nordamerika durch die Großflächigkeit ergaben. Das bedeutete bei einer einmal ausgebrochenen Epidemie eine potenzierte Ausbreitungschance. Ausgedehnte Weizenflächen über die stets ein Wind ging, der die Sporenverbreitung von Pilzen begünstigte, kaum gegliedert waren und Erregern keine Verbreitungshindernisse entgegensetzten, stellten ein ständiges Befallsrisiko dar. Diese Erreger kamen überwiegend aus dem alten Europa und hatten dort ihrerseits schon zur Agrargeschichte beigetragen. Sie haben aber unter den Bedingungen des neuen Kontinents zum Teil eine andere Dimension und Dynamik gewonnen. Die Amerikaner hatten dabei den Vorteil, dass seit Beginn des naturwissenschaftlichen Zeitalters die parasitologischen und entomologischen Entwicklungszyklen und –bedingungen der Verursacher zu einem hohen Grad aufgeklärt waren. Auch hatte die weltweite „scientific community" sich mittlerweile etabliert. Politische Verwerfungen, Kriege, gegenseitige pauschale Diffamierungen auf politischer Ebene konnten nichts daran ändern, dass die Wissenschaftler, die gemeinsame Themen hatten, sich gut verstanden.

Es ging also in Nordamerika agrarwissenschaftlich zunächst nicht darum, die Biologie der Schadorganismen aufzuklären. Diese Vorarbeit konnten sie weitgehend übernehmen. Aber die Übertragung dieses Grundwissens auf die spezifischen amerikanischen Anbauverhältnisse war eine große Herausforderung. Sie wurde mit einer geballten wissenschaftlichen Initiative bewältigt und bietet ein Glanzstück praxisorientierter Forschungsarbeit.

Welche Organismen wurden mit dem Weizenbau von der Alten in die Neue Welt eingeschleppt? Das waren zunächst die seit dem Altertum bekannten Rost- und Brandkrankheiten. Die Bibel, die Griechen und die Römer berichten davon (vgl. S. 18 ff.). Die Ernteschäden waren so bedeutend, dass göttlicher Beistand beansprucht wurde. Im Alten Testament ist es „Der Herr", bei den Griechen sind es Demeter Erysibe oder sogar Apollo Erysibios, also zwei hoch angesiedelte Gottheiten. Die Beinamen leiten sich von der griechischen Vokabel für „rot" *(„erys")* ab, ebenso wie der zuständige römische Gott, Rubigo, auf das lateinische *rubus* = rot zurückgeht. Damit ist die Pflanzenkrankheit eindeutig charakterisiert, denn auch unser Wort „Rost" beschreibt ja die Befallssymptome am Weizen, deren Farbe dem Rost des Eisens gleicht. Auch die Brandkrankheiten des Getreides verdanken ihren Namen einer eingängigen Symptombeschreibung. Denn die von ihnen befallenen Ähren und Körner sehen schwarz aus und enthalten schließlich ein schwarzes oder schwarzbraunes Pulver.

Die Beobachtungen und Deutungen der Landwirte und der frühen Agrarwissenschaftler ergaben nach und nach ein Bild der Befallsbedingungen und einiger

Voraussetzungen für die Ausbreitung der Krankheiten in den Getreidebeständen. Aber erst zu Beginn des 19. Jahrhunderts erkannte man, dass die Ursache Pilzinfektionen waren.

Diese Entwicklung hat Professor E. Lehmann 1951 in seiner Broschüre „Seuchenzüge im Pflanzenreich“ so anschaulich dargestellt, dass hier auszugsweise zitiert werden soll: *„In dem deutschen Liliputländchen Schaumburg-Lippe wandte der Kammerrat Windt seine ganze Sorge der Bekämpfung des Rostes zu, der damals im Lande seines gräflichen Herrn so schweren Schaden anrichtete. Im ersten Teil seines 1806 über den Rost erscheinenden Büchleins fasst er noch die `Materie des Rostes´, die aus einem unbegreiflich feinen Staube bestehe, als einen `Eisenteil des Saftes´ auf, der sich durch die oxydierenden Teile der Atmosphäre erkaltet habe. Erst gegen Schluss seiner Abhandlung kommt er zu der Überzeugung, der Rost bestehe aus Pilzen, und was er bislang bloß als Saft angesehen habe, seien Häupter der Samenbehältnisse der Pilze.“*

Der große Forscher Anton de Bary, der auch den Erreger der Kraut- und Knollenfäule der Kartoffel identifiziert hat, führte 1853 den Nachweis, dass Rost- und Brandkrankheiten des Weizens auf Pilzinfektionen beruhten. Und dabei handelte es sich um ein ganzes Bündel von unterscheidbaren Erregern, das nunmehr aufgeschnürt werden konnte, so dass man das Spektrum der vielen bisherigen Beobachtungen und Deutungen zu verstehen und einzuordnen lernte.

Ein Beispiel bildet der Schwarzrost. Hier soll noch einmal Professor Lehmann mit seiner plastischen Darstellung zu Worte kommen. Er schreibt: *„Einfache englische und französische Bauern des 17. und 18. Jahrhunderts waren dem Pilz auf die ersten Spuren seines Geheimnisses gekommen. Der Berberitzenstrauch, der seiner saftigen Beeren und mancher von ihm ausgehender Heilwirkungen wegen von alters her in gutem Rufe stand und auch vielerorts Pflege in den Gärten fand, wurde plötzlich anrüchig. Er kam in den Verdacht, Schwarzrost über die Felder zu verbreiten. Der Verdacht verdichtete sich so sehr, dass man seine Zuflucht zu den Juristen nahm. Das Parlament der französischen Stadt Rouen, in der man aus den in ihrer Umgebung gesammelten Berberitzenbeeren Konfitüren herstellte, erließ im Jahre 1660 ein Gesetz zur Vernichtung der im Umkreis der Stadt wild wachsenden Berberitzensträucher. Nichtsahnende neuenglische Ansiedler, die neben dem Weizen auch Berberitzen mit über den Ozean genommen hatten, standen in ihrer neuen Heimat alsbald der gleichen Notwendigkeit gegenüber. Ebenso erging es einigen deutschen Kleinstaaten, die sich zum Erlass von Gesetzen zur Ausrottung der Berberitze genötigt sahen. Worin aber bestand wohl die geheimnisvolle, den Berberitzen zur Last gelegte Wirkung? Die Neuengländer meinten, die Berberitzen verbreiteten einen Dunstkreis, der dem Weizen schädlich sei. `Die Neuengländer sind aber´,* so schrieb *ein zeitgenössischer Schriftsteller, `noch anderer wunderlicher Meinungen und Gebräuche wegen bekannt´. Wie sollte man auch solche Anschauungen ernst nehmen? Und doch äußert sich im alten Europa der doch auf dem Gebiete der Botanik wohlerfahrene Goethe 1790 ganz ähnlich: `Wir wissen´, meinte er, `dass der blühende Berberitzenstrauch einen eigenen Geruch verbreitet, der dergleichen Hecken naheliegende Weizenfelder unfruchtbar machen könne´.*" Hier irrt Goethe! Denn es stellte sich heraus, dass die Berberitze ein Zwischenwirt für den Erreger des Schwarzrostes ist, also ein Entwicklungsstadium im komplizierten Lebenszyklus des Pilzes beherbergt. Die Folgen beschreibt Lehmann so: „*Einmal der Schwarzrostübertragung überführt, war es mit dem Ansehen der einst so beliebten Berberitze vorüber. Von 1869 bis 1936 wurden in Europa, Amerika und Australien 136 Gesetze und Verordnungen zur Ausrottung der Berberitze erlassen. Mit außerordentlicher Energie wurden auf Grund solcher Gesetze in den Vereinigten Staaten und Kanada große Feldzüge gegen den Strauch unternommen. Wohlorganisierte Armeen von Hilfskräften unter einem vielgliedrigen Stab von Gelehrten, riesige Propagandamittel, gewaltige Geldsummen wirkten zur Erreichung höchst bedeutsamer Erfolge zusammen. Von 1916 bis 1935 wurden etwa 20 Millionen Berberitzensträucher ausgerottet.*"

Der Gelbrost und der Braunrost sind sozusagen die kleineren Geschwister des Schwarzrostes. Ihre wirtschaftliche Bedeutung ist ebenfalls beträchtlich, aber sie sind für die Wissenschaftsgeschichte und die allgemeinen historischen Auswirkungen nicht gleichermaßen bedeutsam.

Anders sieht es mit den Brandkrankheiten aus. Auch sie sind von alters her bekannt, allerdings diagnostisch nicht immer klar abgegrenzt worden. Der Erkenntnisprozess verlief auch hier so, wie in vielen anderen Bereichen: Es sammelte sich ein immer größerer Erfahrungsschatz an, die Beobachtungen wurden präziser, die Naturwissenschaft entwickelte ihre eigenen Methoden, die Möglichkeiten der optischen Auflösung wurden ständig verbessert und biologische Zusammenhänge wurden immer besser durchschaubar. Kluge Köpfe mit wissenschaftlicher Phantasie und analytischem Verstand haben auf dieser Basis die Erreger der Pflanzenkrankheiten identifiziert, ihre Entwicklungsabläufe aufgeklärt und damit die Grundlagen zu ihrer Eindämmung geschaffen. Auch diese Entwicklung hat Lehmann beschrieben: „*Im Jahre 1732 berichtet Johann Heinrich Zedler in seinem großen Universallexikon über den Brand: `Die Saat bekommt eine bräunliche und schwärzliche Farbe. Färbet auch diejenigen schwarz, so durchgehen oder reiten. Sie riecht stark wie Bücklinge oder stinkender Kohl und Fischbrühe; schmeckt zwar süß, hat aber eine saure und fressende Schärfe´... Diesen Brand schreiben einige dem giftigen Mehltau zu, der im April und Mai fällt, wenn nach einem kalten Reif ein* *heißer Sonnenschein folget. Andere wieder sind der Ansicht, brandige Körner seien nichts als Missgeburten.*"

Dieser diffusen Deutung folgte schon 18 Jahre später, 1750, der Beweis, dass der Brand eine Infektionskrankheit ist. Das war ein wissenschaftsgeschichtliches Ereignis, denn es markiert gleichermaßen den Beginn der experimentellen Biologie und die Tendenz ehrwürdiger akademischer Institutionen, naturwissenschaftliche Fragestellungen in ihr Denken einzubeziehen: Die Akademie der Wissenschaften zu Bordeaux stellte damals eine Preisfrage. Die Aufgabe lautete, dass die Ursachen des Brandes beim Weizen aufzuklären seien und Möglichkeiten zu seiner Eindämmung aufgezeigt werden sollten. Diese praxisbezogene Frage ist für eine Akademie der damaligen Zeit an sich schon bemerkenswert. Erstaunlich ist die Beweisführung des Preisträgers. Der war keineswegs Naturkundler, sondern Münzdirektor von Troyes und hieß Matthieu Tillet. Da liegt der Schluss nahe, dass die Weizenkrankheit eine große wirtschaftliche Bedeutung hatte, denn warum sonst wird ein solcher Preis ausgeschrieben und warum sonst kümmert sich ein Finanzmann um die Lösung? Es zeigt aber auch noch eine andere Dimension: Das intellektuelle Interesse dieser Zeit unterschied nicht zwischen Geistes- und Naturwissenschaften. Die „gebildeten Schichten" strebten ein Allgemeinwissen davon an „was die Welt im Innersten zusammenhält". Das ist kein zufälliges Goethe-Zitat, denn Goethe selbst hat seine naturkundlichen Arbeiten zur Farbenlehre, zur Anatomie, zur Botanik, zur Mineralogie und Geologie als gleichwertig mit seiner Dichtung eingeschätzt. Auch sein intensiver Austausch mit den Brüdern Wilhelm und Alexander von Humboldt zeugt von diesem geistigen Klima.

Aber zurück zu Matthieu Tillet. Er legte schachbrettartig angeordnete Feldversuche mit Weizensaatgut aus stark vom Brand befallenen und gesunden Flächen an, stellte fest, dass beim Dreschen kranker Körner „Brandstaub" entsteht, der auf gesunden Körnern haften bleiben kann und dass diese, wenn man sie als Saatgut verwendet, wieder kranke Weizenbestände ergeben. Es dauerte rund hundert Jahre, bis man herausgefunden hatte, dass dieser „Brandstaub" aus Sporen eines Pilzes bestand, der dann – eine späte und verdiente Ehrung – den Namen „*Tilletia tritici*" erhielt, also etwa: „Tillet'sche Weizenkrankheit". Tillet, der Münzdirektor, schätzte im Einleitungsteil seiner Preisschrift den Verlust der französischen Weizenernte durch den Weizensteinbrand auf 12% ein. Heutige Rekonstruktionen kommen zu höheren Zahlen, jedenfalls wenn man die anderen inzwischen identifizierten Erreger aus der Gruppe der Brandpilze hinzurechnet.

Das war für das agrarisch geprägte Europa, für das die Weizenernten eine wirtschaftliche Schlüsselfunktion hatten, eine beträchtliche Einbuße. Es bildete aber auch ein großes Infektionspotential, wenn infiziertes Saatgut über den Ozean in die Neue Welt gebracht wurde. Nimmt man die Rostkrankheiten hinzu und die ebenfalls nach Nordamerika eingeschleppten Insekten, dann ergibt sich erneut das Bild einer ökologischen Kettenreaktion. Ein Beispiel für eine solche Abfolge bietet die „Hessenfliege", eine Gallmücke mit dem wissenschaftlichen Namen *Mayetiola destructor*. Die Art stammt wohl aus Asien, war in Europa überall verbreitet, hat aber hier nie eine wesentliche wirtschaftliche Bedeutung erlangt, weil es offenbar einen Komplex natürlicher Feinde gab, der sie unter Kontrolle hielt. Als der Schädling in Truppentransportern mit hessischen Soldaten, die während der Revolutionskriege nach Amerika verkauft worden waren, dort eingeschleppt wurde, fehlte dieser Vertilgerkomplex. So konnte sich die Gallmücke in großem Maßstab ungehemmt vermehren und wurde damit für die amerikanische Geschichte wahrscheinlich bedeutsamer als die armen Kerle in den hessischen Kompanien es je gewesen sind.

Es gibt aber umgekehrt auch bemerkenswerte Beispiele für Schadorganismen, die in ihren Heimatländern eine wirtschaftliche Bedeutung haben, aber mit der Ausbreitung ihrer Wirtspflanze in andere Regionen nicht dorthin verschleppt wurden, wahrscheinlich, weil die Umweltbedingungen dies nicht zuließen. Einen Fall, der wegen seiner möglichen kulturhistorischen Bedeutung faszinierend ist, bildet eine im Vorderen Orient verbreitete Gattung von Getreidewanzen mit dem Namen *Eurygaster*. Diese Insekten stechen milchreife Weizenkörner an und scheiden dabei ein Enzym ab, das die Backfähigkeit von Weizenmehl beeinträchtigt. Sind in einem Teig zu viele vermahlene *Eurygaster*-Körner, dann geht das Brot nicht auf. Das gilt als einer der Gründe dafür, dass im Vorderen Orient das Fladenbrot dominiert. Das „Ungesäuerte Brot" in der jüdischen Religion und die Hostie im Christentum sind Überlieferungen, für die man hier Ursprünge vermuten kann.

Getreidekrankheiten begleiten also den Ackerbau seit seinen frühen Anfängen, und die Literatur ist voll von Beschreibungen schwerer Ernteausfälle mit nachfolgenden Notsituationen, namentlich durch Rost- und Brandepidemien. Seit etwa 1700 lässt sich nachweisen, dass sich im Abstand von wenigen Jahren immer irgendwo in Europa, sei es in Italien, Frankreich, Deutschland, Osteuropa, England oder Skandinavien, Missernten mit bis zu 80 % igen Ertragseinbußen ereigneten. Bei einer solchen chronischen Durchseuchung aller Weizenregionen in der Alten Welt konnte es nicht ausbleiben, dass beim Transfer dieser wichtigsten Kulturpflanze nach Amerika die Krankheitserreger als „Trittbrettfahrer" auch dort Fuß fassten. Und sie fanden Bedingungen vor, die die Ausbreitung begünstigten: Große zusammenhängende Anbauflächen, die nicht – wie in Europa – durch kleinräumige Strukturen unterbrochen waren, ein kontinentales Klima mit ständiger, die Sporenverbreitung begünstigender Windbewegung und ein extensives

Anbausystem, in dem Ertragsverluste zunächst durch Flächenausweitung, nicht durch Schadensminimierung ausgeglichen werden konnten. Die Schäden waren horrend, und noch im Jahre 1938 erreichte die Ernteminderung durch Rost in den USA die dimensionssprengende Menge von 35 Millionen Tonnen Weizen, regional fielen dem Weizensteinbrand 50 % des Ertrages und mehr zum Opfer.

Diesem Katastrophenszenario muss gegenübergestellt werden, dass die Möglichkeiten, diese Seuchen zu beherrschen, sich ständig verbessert haben. Im Falle des Weizensteinbrandes hatte schon Tillet herausgefunden, dass die Behandlung des Saatgutes mit desinfizierenden Substanzen Erfolge bringt. Er hatte es mit Wasserbädern, mit Rinderurin, verschiedenen Laugen, Salz- und Kalkbädern versucht. Später entdeckte man, dass eine Imprägnierung, eine „Beizung", wie es bis heute heißt, mit Kupfersulfat wirksam war. Leider war die Verträglichkeit für die Saatgutkörner begrenzt und bei leichter Überdosierung gab es zwar keine Brandinfektion mehr, aber die Keimfähigkeit des Weizens wurde beeinträchtigt. Späterhin hat man mit quecksilberhaltigen Beizmitteln geradezu einen Sieg gegen den Steinbrand errungen. Aber auch diese Präparate sind inzwischen durch schwermetallfreie und humantoxikologisch weniger bedenkliche Substanzen ersetzt. Man kann heute sagen, dass bei sachgerechtem Pflanzenschutz Steinbrandinfektionen beherrschbar sind. Bei den Rostkrankheiten war der Weg schwieriger. Man lernte zwar sehr bald, dass es anfällige und widerstandsfähige Weizensorten gibt und versuchte, diese Tatsache im Anbau zu nutzen. Aber die Roste passen sich immer wieder an. Sie entwickeln Stämme, die auch an den zuvor resistenten Weizensorten aggressiv waren. So ergibt sich ein Wettlauf zwischen der Pflanzenzüchtung, die ständig versucht, rostfeste Weizensorten zu entwickeln und der genetischen Anpassung der Pilzstämme an diese. Es ist, als ob dieses Wechselspiel ein Darwinsches Lehrstück aufführen wolle.

Heute gibt es auch gute chemotherapeutische Methoden zur Rostbekämpfung, aber es wird so bleiben, dass nur ein Zusammenspiel zwischen Züchtung, Anbaumethoden und Pflanzenschutz, der sogenannte Integrierte Pflanzenbau, zu befriedigenden Resultaten führt. Natürlich hat Amerika diese Entwicklung maßgeblich bestimmt. Forschungen dieser Art sind heute längst in internationale Netzwerke eingebunden.

Die Umsetzung in die Praxis des amerikanischen Weizenbaues folgt allerdings auch anderen Leitlinien: Die nach wie vor ausreichende und nach Bedarf erweiterbare oder auch verminderbare Anbaufläche erlaubt eine viel extensivere Bewirtschaftung, als wir sie in Europa gewohnt sind. Wenn hier, wegen des hohen Bodenwertes, die Ertragsleistung pro Flächeneinheit, z.B. ausgedrückt in Doppelzentner pro Hektar, entscheidend ist, gilt in den USA „yield per hour of menpower" als Bezugsgröße, also nicht so sehr der Bodenwert, sondern allein der laufende Betriebsaufwand und das mobile Investitionsvermögen. Das wirkt sich auch auf die Schadensabwehr aus. Natürlich muss man sich vor Katastrophen schützen. Aber die Frage, wie sich der einzelne Dollar, der in Schutzmaßnahmen investiert wird, schließlich auszahlt, steht im Vordergrund. Mithin muss man versuchen, mit einem tolerierbaren Infektionsniveau zu leben und nimmt ein latentes Erregerpotential in Kauf. Wenn es gefährlich wird, kann man immer noch eingreifen. Krisensituationen sind durch „strategische Reserven" ohnehin überbrückbar. In diese Kalkulation gehört auch, dass der Weizenpreis mit darüber entscheidet, wie viele Dollars man in die Schadensabwehr stecken will. Wenn Überproduktion herrscht, etwa nach Rekordernten, die auch die Regierung nicht aufkauft, und wenn der Exportmarkt gesättigt ist, warum dann noch höhere Erträge erwirtschaften, die man zu Schleuderpreisen abgeben müsste? Ein paar Schadensprozente können dabei sogar willkommen sein.

Freilich baut man damit ein beachtliches Infektionspotential auf, und wenn der Markt im nächsten Jahr umkippt und der Weizenpreis steigt, dann sind die Geister, die man rief, schon etwas schwerer in die Ecke zu treiben.

Damit bietet die amerikanische Weizenwirtschaft ein Bild hoher Effizienz, einer gewissen Risikobereitschaft und eines enormen technischen „know how", das sich von einer Industrieproduktion nur dadurch unterscheidet, dass sie es stets mit ökologischen Unwägbarkeiten zu tun hat.

Der Durchbruch der Landtechnik

Es ist faszinierend zu verfolgen, welche Wechselwirkungen sich aus dem Zusammenspiel der ackerbaulichen Herausforderungen, dem vorhandenen Erfahrungsschatz, neuem Wissen, wirtschaftlichen Umorientierungen und technischem Fortschritt ergeben haben. Im Zeitraum zwischen 1820 und 1830 erreichte die nordamerikanische Weizenproduktion einen Wendepunkt. In dieser Zeit gelang es erstmals, über den eigenen regionalen Bedarf hinaus für den Weizenhandel vermarktbare Quantitäten zu erzeugen, vor allem wegen der sich noch immer ausweitenden Anbaufläche.

Aber die Flächenausweitung und die ständige Vergrößerung der Einzelbetriebe stellte neue Probleme. Mit herkömmlicher Arbeitstechnik war das nicht zu bewerkstelligen. Noch so große Schnitterkolonnen mit rhythmischem Sensenschlag konnten das nicht bewältigen. Und wer sollte dann den geschnittenen Weizen raffen, in Garben aufstellen, auf Erntewagen stapeln, zum Dreschen auf den

Hof und das Korn dann zum Müller bringen? Solche, in Europa noch bis weit in das 20. Jahrhundert übliche Prozeduren wurden in Nordamerika wegen der anderen Dimensionen sehr schnell anachronistisch. Die Arbeitsgänge wären bei der großen Flächenausdehnung viel zu schleppend abgelaufen. Allein das Beispiel des Erntefortschrittes macht das plausibel: Der optimale Erntezeitpunkt ist der, in dem das Korn ausgereift ist, aber noch so fest in der Ähre sitzt, dass es beim Mähen nicht ausfällt. Das ist eine Zeitspanne von wenigen Tagen. Hat man es nun mit einer großen Fläche zu tun und keine ausreichende Mähkapazität, dann ist man gezwungen, vor der eigentlichen Reife mit der Ernte zu beginnen, in der Hoffnung die Haupternte in der Vollreife zu erwischen und mit der Gewissheit, dass der Rest, wenn er drankommt, überreif ist, dass dort also die Körner bei der Ernte aus den Ähren fallen oder – wenn es inzwischen feuchte Witterung gibt – „auswachsen", d.h. in der Ähre anfangen auszukeimen. Genauso verhält es sich mit der Nutzung der günstigsten Zeitphasen für die Aussaat, die Bodenbearbeitung, die Bestandespflege. Mit herkömmlichen Methoden musste man immer an einem Ende zu früh anfangen, um die günstigste Periode in der Mitte zu nutzen und zum Schluss doch zu spät zu kommen.

Die Antwort kam aus dem Ingenieurbereich: Es entstand eine blühende Landmaschinenindustrie, deren Anteil an der Dominanz der amerikanischen Weizenwirtschaft sehr hoch zu veranschlagen ist. Die Entwicklung verlief von den ersten Mähmaschinen, dann über „Drill"-Maschinen für die mechanische Aussaat, über Dreschmaschinen bis hin zu den „Combines", den Mähdreschern, die in einem Arbeitsgang den Weizen mähten, ausdroschen, die Körner verladefertig ausspuckten oder absackten und die leeren Ähren und das Stroh aufarbeiteten. Der Antrieb für diese technischen Ungetüme, die sie anfangs waren, war zunächst Pferdekraft. Es war eine vielspännige Zugkraft nötig, um die schweren Maschinen mit ihrem Energieaufwand für die kombinierten Funktionen über den Acker zu ziehen (Abb. S. 127). Aber bald bediente man sich auch der Dampfmaschinen. Je eine Dampfmaschine wurde an beiden Enden des Feldes aufgestellt und zog an Drahtseilen die Geräte hin und her. Für den Vorgang des Dampfpflügens hat dies Max Eyth in einem seinerzeit berühmten Buch: „Hinter Pflug und Schraubstock" dargestellt.

Mit dem Aufkommen selbstfahrender, leistungsstarker Traktoren wurde die Sache entschieden eleganter. Heute laufen die Mähdrescher natürlich mit eigenem Antrieb. Es ist immer wieder von neuem eindrucksvoll, in Nordamerika zu sehen, wie ganze Staffeln riesiger Mähdrescher den Weizen abernten, angeordnet wie die sensenbewehrten Getreideschnitter-Kolonnen alter Zeiten, und einen ausgedroschenen, exportfähigen Kornertrag, ein aufgearbeitetes Stroh und ein zur neuen Bestellung fertiges Stoppelfeld hinterlassen.

Die Wechselwirkung mit der Flächenstruktur ist unübersehbar. Die immer mehr perfektionierten Landmaschinen waren und sind teuer. Deshalb müssen sie sich in der jeweils kurzen Saison, in der sie gebraucht werden, amortisieren, d.h., sie müssen ausgelastet sein. Das geht nur auf der Großfläche. Die Bezugsgröße „Ertrag pro Arbeitsstunde" („yield per hour of menpower") verschob sich also von einer Vielzahl von Landarbeitern auf wenige, gut ausgebildete Landmaschinentechniker. Die verdienten gut. Aber unter dem Strich war das billiger als das Heer von nicht immer zuverlässigen Saisonarbeitern, die zudem gar nicht in ausreichender Zahl verfügbar waren, über weite Entfernungen herangeholt, quartiert und verpflegt werden mussten. Das alte „Bauernhofsystem" funktionierte nicht mehr und wurde durch Kapitaleinsatz abgelöst. Die Weizenwirtschaft wurde auf eine Kosten-/Nutzenberechnung gestellt, mit weitreichenden, bis in die Gegenwart wirksamen Folgen. Im Laufe der Zeit stiegen die Arbeitslöhne, die Preise für Landmaschinen pendelten sich mit zunehmender Konkurrenz der Hersteller ein, und sehr bald konnten die Amerikaner Weizen so kostengünstig produzieren, dass sie den Weltmarkt beherrschten.

Trotz der großen Rückschläge durch Erosion und eingeschleppte Krankheiten, trotz der historischen Probleme der Landaufteilung zwischen Ackerbauern und Viehzüchtern, trotz mancher soziologischer Schwierigkeiten ist es gelungen, in Nordamerika ein System zu schaffen, das bislang alle Herausforderungen bewältigt hat. Die Industrie- und Handelsmacht USA wurde damit zugleich zu einer potenten Agrarmacht.

Die Weizenmacht

Der Weizen ist damit zu einem Wirtschaftsfaktor und politischen Instrument hohen Ranges geworden. Entsprechend haben die USA ihre Weizenproduktion gerade auch in neuerer Zeit kräftig gesteigert. Die Ernteergebnisse für die letzten fünfzig Jahre lauten:

1954 30 Millionen Tonnen
1973 47 Millionen Tonnen
2003 64 Millionen Tonnen

Das bedeutet mehr als eine Verdoppelung in diesem Zeitraum. Mehr noch: Von dem alle Dimensionen sprengenden Ernteergebnis 2003 wurden, nach Abzug der geringfügigen Importe, 25 Millionen Tonnen exportiert, das sind 39% der Produktion. Wahrscheinlich ist zusätzlich noch eine beträchtliche Menge vom Staat zur Preisstützung und Bildung der strategischen Weizenreserve aufgekauft worden.

Mit dieser Politik wird erreicht, dass diejenigen Länder, die auf Importe aus Amerika angewiesen sind, zwangsläufig in eine gewisse Abhängigkeit geraten. Darüber hinaus ist der politische Spielraum der USA in Krisen- und Kriegszeiten nicht durch jährliche Ernteschwankungen eingeengt. Die Eigenversorgung ist krisenfest gesichert.

Heute erscheint das als selbstverständlich. Es wirkt fast banal, es überhaupt zu erwähnen. Und dennoch zieht sich durch die ganze Geschichte der Aspekt, dass Kriege um Nahrungsgrundlagen – um Kornkammern – geführt wurden, dass Hungersnöte den Nährboden für Revolutionen lieferten, dass Kriege nur geführt werden konnten, wenn nach gesicherten Ernten eine ausreichende Versorgung der Bevölkerung und der Truppen gewährleistet war, und dass sie verloren wurden, wenn das nicht der Fall war.

Aus diesem Grunde haben in Europa Kriege immer im Hochsommer begonnen, wenn die Getreideernten gesichert waren. Der Deutsch-Französische Krieg 1870/71 brach am 19. Juli 1870 aus, der Erste Weltkrieg am 1. August 1914, der Zweite Weltkrieg am 1. September 1939. Dabei gehörte es durchaus zum Konzept, dass die militärische Entscheidung möglichst in den ersten Wochen und bis zum Wintereinbruch herbeigeführt werden sollte. Lange Kriege konnte man in Europa und zumal in Deutschland nicht durchhalten, weil die Versorgungslage es nicht zuließ. Im Deutsch-Französischen Krieg ging dieses Kalkül auf, denn die Schlacht bei Sedan, die praktisch entscheidend war, fand bereits am 1. und 2. September 1870 statt. Napoleon III. dankte ab und die deutsche Armee konnte nach Paris vorrücken. Bismarck schreibt in seinen „Gedanken und Erinnerungen", er habe auf eine rasche Einnahme der eingeschlossenen Stadt gedrungen, weil er politische Komplikationen bei einer länger dauernden Belagerung befürchtete. Das sei aber zunächst auf militärische Schwierigkeiten gestoßen, weil die Eisenbahnkapazität nicht ausreichte, um das erforderliche schwere Geschütz heranzuschaffen. Die Schienenwege waren durch Transportzüge mit Verpflegungsgütern blockiert. Also wurden im Schnellverfahren Pferde requiriert. Das mussten Zugpferde, keine Kavalleriepferde, sein. Die waren überwiegend in der Landwirtschaft zu holen. In wenigen Wochen wurden ca. 4.000 Pferde auf ihre vier Beine gestellt und karrten die Kanonen an ihren Bestimmungsort. Die Beschießung von Paris begann am 27. Dezember 1870, am 28. Januar 1871 wurde Paris eingenommen. Natürlich fehlten die Pferde in der Landwirtschaft und das gab auch Ertragseinbrüche. Aber der Krieg war nach nur sieben Monaten

Dauer praktisch beendet und das Konzept, ihn zwischen zwei Ernten stattfinden zu lassen, war aufgegangen.

Im Ersten Weltkrieg ging es nicht auf, und neben dem endgültigen militärischen Desaster war für Deutschland der Zusammenbruch der Versorgung wegen der Dauer des Krieges letztlich einer der wichtigsten Gründe für die Kapitulation des Reiches. Der militärische Plan des Generalstabschefs von Schlieffen hatte eine rasche Kriegsentscheidung in den ersten Wochen vorgesehen. Die von ihm konzipierte Umfassungsoffensive gegen Frankreich wurde nicht konsequent verfolgt, der Angriff blieb stecken und die Phase des langdauernden Zermürbungskrieges begann. Im Osten kämpften die deutschen und österreichischen Truppen gegen Russland. Getreidelieferungen aus der Ukraine, der damaligen Kornkammer Europas, blieben also aus. Weizenlieferungen aus Amerika unterblieben: Kanada als Mitglied des Commonwealth befand sich mit Deutschland praktisch im Kriege und schickte statt Weizen ein Expeditionskorps von Truppen an die Westfront. Die USA blieben zunächst neutral, unterstützten aber Großbritannien mit Versorgungsgütern. Die Briten mit ihrer überlegenen Flotte bauten eine erfolgreiche Seeblockade gegen Deutschland auf, das seinerseits versuchte, durch den U-Boot-Krieg die überseeischen Lieferungen nach England zu stören. Mit dem Erfolg, dass nach der Torpedierung mehrerer amerikanischer Transportschiffe die USA 1917 in den Krieg gegen Deutschland eintraten. Deutschland war also, wie eine große belagerte Festung, der Aushungerung ausgesetzt.

Zwar hätte das zweite Grundnahrungsmittel, die Kartoffel, bis zu einem gewissen Grade die Lücke schließen können. Aber auch die fiel wegen des Totalverlustes der Kartoffelernten durch die Kraut- und Knollenfäule aus, so dass im berüchtigten „Steckrübenwinter" 1916/17 die Versorgung des Reiches praktisch zusammenbrach. Ohne Brot und ohne Kartoffeln ließ sich bei noch so viel Heroismus kein langer Krieg durchhalten.

Dabei war auch viel Kurzsichtigkeit im Spiel. Der militärische Bedarf genoss Priorität. Man hätte die Weizen- und Roggenerträge durch ausreichende Stickstoffdüngung stabilisieren oder erhöhen können. Und Stickstoff war, seit durch die Haber-Bosch Synthese der Luftstickstoff verwertbar geworden war, im Rahmen der industriellen Kapazität verfügbar. Die aber wurde zur Herstellung von Schießpulver benötigt, für die Landwirtschaft blieb kaum etwas übrig. Sie hatte es überhaupt schwer: Die Männer im „wehrfähigen Alter" waren Soldaten, die Pferde für bespannte Truppen „eingezogen". Die tüchtigen Bauersfrauen, alte Männer und halbwüchsige Kinder mussten die Höfe durchbringen. Sie taten das, so gut es ging. Aber so konnte man eine kriegführende, von allen Importen weitgehend abgeschnittene Nation nicht versorgen. Es gibt eine von E. Bittermann 1956 veröffentlichte Untersuchung, die die Weizenerträge in Deutschland von 1800 bis 1950 darstellt. Sie zeigt geradezu eine Schicksalskurve. In allen Kriegen sinkt die Ertragsleistung drastisch ab. So nach 1870 und besonders ausgeprägt nach 1914, wo der Durchschnittsertrag von 21 Dezitonnen pro Hektar auf knapp 17 Dezitonnen absackt, also um über 20 %. Es fehlten eben „strategische Reserven".

Auf diese zivile Voraussetzung für eine erfolgreiche Kriegsführung legte man in Nordamerika mehr Wert. Die „American Peoples Encyclopedia", Bd. 19 (1970), druckt unter dem Stichwort „World War I" ein Plakat ab, das nach dem Ausbruch des 1. Weltkrieges verbreitet wurde. Der Begleittext zu dieser Abbildung lautet: *„Amerikaner und Kanadier wurden aufgefordert, die Produktion von Lebensmitteln zu erhöhen und ihre Erhaltung zu sichern."* Der in beiden Ländern angeschlagene Aufruf zeigt einen Soldaten, der mit der Hand auf die Balkenüberschrift zeigt *„We are saving you, YOU save FOOD."* Und unten darunter steht: *„Well fed Soldiers WILL WIN the WAR."* Sie haben den Krieg gewonnen, wohl nicht zuletzt wegen der gut gefütterten Soldaten. Die totale Niederlage mit ihren Folgen war für die Deutschen und die Österreicher ein tiefes Trauma. Nicht nur der Nationalstolz war verletzt, auch die Erinnerung an die Hungerjahre hinterließ ihre Spuren. Die Familien zu Hause erzählten, mit welchen unsäglichen Schwierigkeiten sie zu kämpfen hatten, um sich notdürftig zu ernähren. Heimgekehrte Frontsoldaten berichteten, bei dem letzten von der Deutschen Heeresleitung versuchten Befreiungsschlag, der Marne-Offensive von 1918, hätten sie vorübergehend einige amerikanische Stellungen erobert und da für sie geradezu märchenhafte Verpflegungsgüter vorgefunden, Fleischdosen, Kondensmilch, Butter, Schokolade und vieles andere. Die ausgemergelten deutschen Soldaten haben sich darauf gestürzt, mit dem Erfolg, dass sie – die derlei überhaupt nicht mehr gewohnt waren – heftige Durchfälle bekamen und für Tage kampfunfähig wurden. Solche Geschichten beschäftigten die Menschen nachhaltig und sie führten, zusammen mit der wirtschaftlich katastrophalen Nachkriegssituation und dem erschütterten Vertrauen in die nationale Identität zu zum Teil irrationalen politischen Vorstellungen. Ideologien hatten Konjunktur. Sie bedienten sich auch im Bereich der Nahrungssicherung, deren Bedeutung der Bevölkerung ja so drastisch vor Augen geführt worden war, eingängiger Argumentationen, die zu Klischees wurden. Das ließ sich dann demagogisch gut ausschlachten.

Ein Beispiel ist das Schlagwort „Volk ohne Raum". Es geht zurück auf den Titel eines nationalistischen Buches, das der Autor Hans Grimm (1875-1959) veröffentlicht hatte. Der kurz gefasste Inhalt: Die tüchtigen und in vieler Hinsicht anderen Völkern überlegenen Deutschen seien schon immer dadurch benachteiligt gewesen, dass sie keinen ausreichenden „Lebensraum" gehabt hätten. Eine wirkliche Lösung dieses Problems könne nur darin liegen, dass Siedlungsland und agrarische Kapazität Deutschlands ausgeweitet würden. Nach Lage der Dinge könne das nur in Osteuropa oder durch Kolonien geschehen. Natürlich war das schon historisch gesehen grober Unfug; es zeugt auch von einer bemerkenswerten agrarwissenschaftlichen Ignoranz. Längst wusste man, dass Agrarerträge nicht durch Flächenausweitung, sondern durch nachhaltige Produktionssteigerung auf vorhandener Fläche auf ein Niveau gebracht werden können, das sich dem Bedarf anpasst. Die Entwicklung hat das eindrucksvoll bestätigt. Deutschland, mit seinem „Volk ohne Raum" ist heute, auf verkleinerter Fläche, nach Verlust seiner Kornkammern in Pommern, Schlesien und Ostpreußen Agrarexportland und hatte 2003 einen Exportüberschuss bei Weizen von 4,3 Millionen Tonnen!

Aber damals ließ sich die These vom mangelnden „Lebensraum" ideologisch gut nutzen, wenn man, wie die Nationalsozialisten, Expansionspolitik betreiben wollte. Und darauf lief es nach 1933 hinaus. Es wurden „Vierjahrespläne" aufgestellt, die – zunächst verdeckt, später immer deutlicher – eine Steuerung der Wirtschaft zur Kriegsvorbereitung zum Ziele hatten. „Beauftragter für die Vierjahrespläne" war der neben Bildern und Hirschgeweihen auch Ämter sammelnde Hermann Göring. Er setzte den Schwerpunkt auf die Rüstungsindustrie. Erneut war die Landwirtschaft nachrangig. Schon vor dem Kriegsbeginn 1939 wurde eine Lebensmittelrationierung eingeführt. Das wurde der Bevölkerung in einer markigen, heroisch-demagogischen Rede Görings eröffnet, aus der das berühmt gewordene Zitat stammt: *„Wir brauchen jetzt Kanonen statt Butter"*.

Trotz dieser erneuten Option für den Vorrang des militärischen Bedarfes vor der Versorgung der Zivilbevölkerung blieb dennoch die Verpflegungslage im Reich bis 1945 relativ stabil. Das beruhte natürlich auf der rücksichtslosen Ausplünderung der vielen besetzten Gebiete. Damit hatte es nach dem Zusammenbruch ein Ende, die eigentliche Hungerzeit begann danach und war erst mit der Währungsreform von 1948 und vor allem dem etwa gleichzeitig anlaufenden Marshall-Plan wirklich beendet.

Amerikanische Lebensmittel-Lieferungen hatten schon zuvor begonnen. Älteren Menschen in Westdeutschland ist noch ein Vorgang in Erinnerung, der heute eher amüsant und anekdotisch erscheint, damals aber bedeutsam war und zugleich die zentrale Bedeutung des Weizens als Brotgetreide dokumentiert. Die „story" lautet so: Die Amerikaner hätten nachgefragt, welche Versorgungsgüter in Deutschland in erster Linie benötigt würden. Ein hochrangiger Beamter der damaligen provisorischen deutschen Verwaltung habe geantwortet: „We need corn." Der Mann konnte zwar Englisch, er wusste aber nicht, dass das Amerikanische sich in mancher Hinsicht vom Englischen unterscheidet. „Corn", wie bei uns das „Korn", bedeutet im Englischen: Weizen. Im Amerikanischen wurde der Mais zunächst als „Indian corn" bezeichnet. Später blieb „Corn" als alleinige Bezeichnung für den Mais übrig. Diese Feinheit der Übersetzung hatte Folgen: Amerika lieferte große Mengen an Maismehl. Zum Erstaunen der Bevölkerung in Westdeutschland gab es nun zwar, dank des Erfindungsreichtums der Bäcker, etwas mehr Brot, das aber war ziemlich gelb und auch meist klitschig. Aber immerhin. Es ist davon auszugehen, dass diese Lieferungen primär humanitär begründet waren, der Vermeidung von Hungersnot oder sozialer Unruhe dienten und in der Verantwortung der Sieger für die Besiegten begründet waren. Zudem erinnert der Vorgang in verblüffender und amüsanter Weise an die Maislieferungen nach Irland nach der Großen Hungersnot und zum Auftakt des Freihandels.

Aber 1945 war die weltpolitische Situation im Wandel. Spätestens nach dem Potsdamer Abkommen war klar, dass es einen neuen sowjetrussischen Imperialismus gab, der seinen Machtbereich bis an die Elbe ausgeweitet hatte, mit der Exklave Berlin, das unter Vier-Mächte-Status stand. Winston Churchill sagte: „Ich fürchte, wir haben das falsche Schwein geschlachtet" und deutete damit an, dass die Machtverschiebung, die sich ergeben hatte, für lange Zeit zum politischen Leitthema werden würde. Der „Kalte Krieg" mit seinem Machtpoker zwischen West und Ost hatte begonnen. Dabei hat der Weizen eine beträchtliche Rolle gespielt.

Wie bei den heißen Kriegen üblich, lag auch im Kalten Krieg das Bedrohungspotential hauptsächlich in der militärischen Aufrüstung. Hinzu kam auf der politischen Ebene der Versuch beider Seiten, die jeweiligen Einflusssphären zu erweitern, z.B. durch Einbeziehung der Länder der Dritten Welt. In den armen Ländern gab es einen fruchtbaren Boden für sozialistische Ideologien. Um sie zu gewinnen, waren aber zusätzlich umfangreiche Wirtschaftshilfen, vor allem auch auf dem Nahrungssektor, erforderlich. Das setzte heimische Wirtschaftskraft und ausreichende Agrarproduktion voraus. Die USA hatten damit keine Probleme. Für die UDSSR dagegen bestand praktisch seit der Revolution und der Kollektivierung der Landwirtschaft stets ein Versorgungsproblem. Das wurde zwar propagandistisch kaschiert, aber gerade der Aufwand, der für Planziele, Planerfüllung und Erläuterungsdialektik betrieben wurde, lässt erkennen, wie ungelöst das Dilemma war. Die Sowjetunion stand also vor der Schwierigkeit, ein gigantisch teures Wettrüsten finanzieren zu müssen, wirtschaftliche Opfer zu bringen, um in größere politische Einflusssphären zu investieren und das ganze System schließlich durch eine ausreichende Nahrungsmittelproduktion zu gewährleisten. Die Rechnung ging nicht auf, und letztlich ist die Sowjetunion daran zerbrochen. Die veröffentlichten Statistiken, die zu diesen Vorgängen näheren Aufschluss geben könnten, sind eher verwirrend. Es ist ein offenes Geheimnis, dass auf dem Höhepunkt der Nahost-Krise 1973 Henry Kissinger die „Weizenwaffe" ins Spiel gebracht und die Sowjetunion damit zum Nachgeben gezwungen hat: Die UDSSR waren von amerikanischen Weizenlieferungen abhängig. Hätten die USA den „Weizenhahn" zugedreht, wäre die russische Versorgungslage ins Wanken geraten, einen heißen Krieg hätte sie nur für wenige Monate durchhalten können. Die offiziellen Statistiken der Food and Agriculture Organization der UN werfen dennoch einige Fragen auf. Das ergibt sich aus deren Statistik

Weizen 1973 (in 1.000 t)

	USA	UdSSR
Weizenproduktion	46.577	109.680
Weizenexport	38.445	5.051
Weizenimport	4	15.626
Export/Importbilanz	+38.441	–10.575

Rechnet man diese Zahlen durch, so kommt man notwendig zu dem Ergebnis, dass die Ziffern, die die Sowjetunion den Vereinten Nationen mitgeteilt haben, nicht realistisch sein können. Zunächst ist erstaunlich, aber in der Größenordnung zutreffend, dass in der UDSSR doppelt so viel Weizen – oder mehr – produziert wurde wie in den USA. Aber wenn man von der Produktion den Export abzieht und den Import hinzurechnet ergibt sich eine Versorgung des heimischen Marktes mit 120 Millionen Tonnen. Die Bevölkerung bezifferte sich 1973 auf 250 Millionen Menschen. Danach hätten für jeden Einwohner jährlich 480 kg Weizen bzw. Weizenprodukte zur Verfügung gestanden, das sind pro Kopf und Tag mehr als 1,3 kg! Man fragt sich vor diesem Hintergrund, warum es in der Sowjetunion überhaupt einen so großen Importbedarf gegeben hat, warum immer wieder Versorgungsengpässe auftraten und warum das sozialistische System der amerikanischen „Weizenerpressung" hat nachgeben müssen. Die einzig schlüssige Erklärung liegt darin, dass das Zahlenmaterial, das die Sowjetunion den Vereinten Nationen übermittelt hat, aus einer Reihe von Gründen unzutreffend war. Das mag zum Teil systemimmanent, zum Teil politisch kalkuliert gewesen sein. In sozialistisch-totalitären Staaten gab es für die Produktion immer Planziele. Die überstiegen meist, mit der Ausnahme von Musterbetrieben, die belobigt wurden, die tatsächliche Planerfüllung deutlich. Schon die einzelnen Betriebe neigten dazu, geschönte Ergebnisse „nach oben" mitzuteilen. In den Ministerien gesammelt, ergaben sie dann beachtliche Abweichungen von der Wirklichkeit. Was wurde der UN mitgeteilt? Das Planziel oder das wirkliche Ergebnis? Ganz wichtig aber: Die tatsächliche Produktion stand für den Verbrauch nicht zur Verfügung. Die Kollektivierung der Landwirtschaft nach der Revolution hatte ohnehin mehrere massive Hungersnöte ausgelöst. Aber die Effektivität ließ auch danach zu wünschen übrig. Die Gründe waren fehlendes Eigeninteresse der Landarbeiter, Organisationsmängel und das berühmt gewordene Phänomen, das „Schwund" hieß, ein Resultat aus allen anderen Faktoren. Wenn schon keineswegs immer eine genügende Zahl gebrauchstüchtiger Erntemaschinen zu Erntebeginn verfügbar war, so fehlte es später an Transportkapazität zum Abtransport. Also musste das Erntegut im Freien „auf Halde gekippt" werden. Hier unterlag es dann dem „Schwund". Die Bevölkerung bediente sich „illegal", Mäuse, Ratten und Vogelschwärme fanden einen reich gedeckten Tisch vor und wenn die feuchte Witterung einsetzte, keimten die Körner auf der Halde. Es klingt unglaublich. Aber so war es, und die Berichte darüber sind so zahlreich und so kompetent, dass es keinen Zweifel daran geben kann. Was also war wirklich die Produktion, welcher Anteil davon stand zum Schluss noch zur Verfügung und was wurde an die UN berichtet? Die Schlussredaktion lag bei den politischen Stellen. Hier war es opportun, auf einem Höhepunkt des Kalten Krieges nicht allzu deutlich zu offenbaren, dass die Karten teilweise nicht günstig gemischt waren. Es ging mehr darum, Stärke zu demonstrieren. Und mit 1,3 kg Brot pro Tag pro Kopf der Bevölkerung sah das ja ganz gut aus. Aber warum muss man, wenn das stimmt, so gewaltige Getreidemengen ausgerechnet beim politischen Kontrahenten kaufen? Das war den Experten natürlich klar und machte deshalb die amerikanische Weizenwaffe nicht stumpfer.

Nimmt man alles zusammen: Die wirtschaftliche Überdehnung durch die Rüstungsaufgaben, das politische und wirtschaftliche Engagement für die sozialistischen Länder in aller Welt (oder für solche, die es werden sollten) und die de facto bestehenden Schwierigkeiten in der eigenen Nahrungsmittelpolitik, dann war es wohl tatsächlich eine Frage der Zeit, bis die Durchhaltekapazität erschöpft war. Die Weizenernten haben dabei eine Rolle gespielt – als eine unter vielen Komponenten, aber doch als ein wichtiges Instrument im Spiel der Kräfte.

In China hat sich, von der Öffentlichkeit fast unbemerkt, in den letzten Jahrzehnten eine bemerkenswerte Entwicklung vollzogen, die den Weizen wiederum ins Zentrum von Machtüberlegungen rückt. Im März 2006 wurde beim Volkskongress in Peking ein agrarpolitisches Programm beschlossen, das aufhorchen lässt. Es wird zunächst soziologisch begründet: Bei der Konzentration der Bevölkerung in den immer stärker anwachsenden Städten und bei zunehmendem Wohlstand der vom wirtschaftlichen Aufschwung profitierenden Stadtbevölkerung sei die

Landbevölkerung ins Hintertreffen geraten. Das Gefälle im Lebensstandard von Stadt zu Land sei so groß geworden, dass man etwas für die Bauern tun müsse. Noch im Jahre 2006 würden dafür 340 Milliarden Yuan (= ca. 35 Milliarden Euro) bereitgestellt. Natürlich ist der soziale Ausgleich zur Vermeidung innerer Spannungen von Bedeutung. Aber der Haushaltstitel besagt eigentlich etwas darüber Hinausgehendes. Er lautet „Modernisierung der Agrarwirtschaft". Der Premierminister Wen Jiabao erläutert dies auch damit, dass er „die Ernährungssicherheit der Nation bedroht" sähe, wenn man nicht gegensteuere. Vor allem müsse der „Getreidebau", sprich die Weizenproduktion, gesteigert werden.

Was steckt, im klassischen Reisland China, dahinter? Verfolgt man die Statistiken, so ergibt sich ein beträchtlicher, anhaltender Anstieg des Weizenbedarfs. Das zeigt folgende Gegenüberstellung:

Weizenversorgung China (in Mio. t)

	Eigenproduktion	Überschuss Import zu Export	Summe
1965	22,2	3,1	25,3
2003	102,5	15,7	118,2

Die heimische Produktion ist also auf das 4,6 fache gestiegen, der Import auf das 5,1 fache. Für eine auf möglichste Autarkie bedachte Nation ist es störend, wenn der Importbedarf stärker steigt als die Eigenproduktion. Daher die Bemerkung des Premierministers, die Ernährungssicherheit könne ohne Änderung der Agrarpolitik nicht gewährleistet werden. Man will sich nicht abhängig machen. Vielleicht ist dies auch der Grund dafür, dass China den Weizen hauptsächlich in Kanada, nicht in den USA, einkauft.

Erläuterungsbedürftig ist aber der steigende Weizenbedarf im Reisland China. Er beruht auf der schon angesprochenen Konzentration der Bevölkerung in ständig wachsenden Städten. Der Lebensstil hat sich dadurch verändert, die Verzehrsgewohnheiten passen sich dem an. Die traditionelle Schale Reis, die es in der Gemeinschaftsverpflegung der Betriebe natürlich nach wie vor gibt, wird in der individuellen Ernährung zunehmend durch Brot oder andere mit Weizen bereitete Nahrungsmittel verdrängt. Eine gewisse Tendenz zur Verwestlichung mag dabei mitspielen. Der Trend hält nicht nur an, er verstärkt sich. Sonst hätte der Volkskongress sich nicht damit befasst und hohe Investitionen für die „Modernisierung der Landwirtschaft" angekündigt.

China schickt sich also an, eine neue Weizenmacht zu werden. Zum Vergleich: Den 102 Millionen Tonnen Weizenproduktion in China, die allerdings im Lande verbraucht werden, standen im selben Jahr 2003 64 Millionen Tonnen Weizen in den USA gegenüber, die zu 39 % exportiert wurden.

Die Gewichtungen könnten sich verschieben. Das wäre dann ein neues Kapitel in der Geschichte des Weizens als Machtfaktor und hätte in der Tat eine historische Dimension.

Mähdrescher vom Jahrgang 1908 bei der Getreideernte in Amerika.
Die großflächige Bewirtschaftung der ehemaligen Prärieböden stimulierte die Entwicklung der Landtechnik.

Aristokraten, Sklaven und der frühe Blues – Der Baumwollbau

Der Weizen ist als Grundnahrungsmittel, Wirtschafts- und Machtfaktor die in jeder Hinsicht bedeutendste Kulturpflanze. Bei den Nutzpflanzen, die nicht der Ernährung dienen, nimmt die Baumwolle den ersten Platz ein und hat in ganz anderer Weise als der Weizen historisch prägend gewirkt. Sie war im 19. Jahrhundert entscheidend für die wirtschaftliche Blüte der Südstaaten der USA, die mit Hilfe von Negersklaven bewirkt wurde. Die Sklaverei wiederum war einer der bewegenden Gründe für den „Civil War", den amerikanischen Bürgerkrieg von 1861–1865, der zwischen den Nord- und Südstaaten ausgetragen wurde. An dessen Ende stand die Sklavenbefreiung. Aber damit war das Problem nicht gelöst, denn Sklavenbefreiung war die eine Sache, die andere aber die, wie der hohe aus Afrika stammende Bevölkerungsanteil, der der Proletarisierung ausgesetzt war, integriert werden könne und wie die Rassendiskriminierung zu überwinden sei. Das alles wirkt bis heute nach. Immerhin bilden die Afroamerikaner gegenwärtig etwa 12 % der amerikanischen Bevölkerung, in den „klassischen" Baumwollstaaten des Südens sind es über 25 %, davon in Alabama 30, in Louisiana 32, in Missouri 33, in South Carolina 35 und in Mississippi sogar 42 %. Welche Entwicklung hat dazu geführt?

Die Baumwolle gehört zu den ältesten Kulturpflanzen überhaupt. Baumwollgewebe sind in Indien für die Zeit um 3.000 v.Chr. belegt, und schon Herodot (484–425 v.Chr.) erwähnt einen „Wolle tragenden Baum". Die Baumwolle selbst wurde von den Händlern „*Keton*" genannt. Davon leiten sich die griechische Bezeichnung „*Chiton*" für das Hemd und die römische *Tunica* ab, dann das englische *Cotton* und das deutsche *Kattun*. Es hat dieses Malvengewächs aber auch in Zentralamerika und wohl auch Südamerika gegeben. Jedenfalls hat Kolumbus von ihrem Anbau und davon berichtet, dass die Bewohner Westindiens aus Baumwolle gefertigte Kleidung trugen. Bis zum Ende des 18. Jahrhunderts wurde der Bedarf in den Staaten der heutigen USA auch hauptsächlich aus Westindien importiert. In Florida und Virginia hat es zuvor schon begrenzte Anbaugebiete gegeben. Einen Durchbruch brachte auch hier die Wechselwirkung zwischen neuen technischen Möglichkeiten und dem damit lohnend gewordenem Anbau der Kulturpflanze. Im Jahre 1793 erfand Eli Whitney den „Cotton gin", eine Maschine, die die Baumwollsamen von den fest an ihnen haftenden Fasern trennen konnte. Das Wort „gin" war ursprünglich ein slang-Wort für „engine" = Maschine *(vgl. Ingenieur = engineer)* und ist heute allgemeiner Sprachgebrauch für das Gerät zur

Bis zur Aufhebung der Sklaverei im Jahr 1865 beruhte der Reichtum der amerikanischen Südstaaten auf der Arbeit von aus Afrika verschleppten Sklaven, die in den Baumwollplantagen arbeiten mussten.

Baumwoll-Aufbereitung. Die „American Peoples Encyclopedia" (Bd. 6, 1970) schreibt dazu: „*Diese Maschine hatte eine weit reichende Bedeutung für die amerikanische Geschichte, weil sie die zuvor erforderliche langwierige Handarbeit überflüssig und damit den großflächigen Anbau der Baumwolle wirtschaftlich machte. Daraus entstand die Plantagenwirtschaft in den Südstaaten*". Das Problem der erforderlichen Handarbeit blieb aber zunächst für das Pflücken bestehen, ein mühsamer und zeitaufwendiger Vorgang, der wegen des unterschiedlichen Reifezeitpunktes der Kapseln bis zu drei Arbeitsgänge erfordert. Nennenswerte Vorkenntnisse sind nicht notwendig, ungelernte Kräfte können leicht eingewiesen werden. Aber sie müssen eine gute Konstitution haben und bei Hitze und Sonneneinstrahlung, die in den Baumwollregionen zur Erntezeit herrschen, die Arbeitstage im Wortsinne durchstehen können. Und billig sollen sie auch sein.

Zur gleichen Zeit, um die Wende vom 18. zum 19. Jahrhundert, verstärkten sich die kolonialen Bestrebungen der europäischen Staaten. Das begann mit einer Art Markterkundung. Was hatte Afrika zu bieten? Von einer Erschließung des Kontinents war man noch weit entfernt. Aber die Segelschiffe fuhren die Küsten an und suchten nach Möglichkeiten für den Handel und nach Waren, die in der übrigen Welt interessant und dort nicht verfügbar waren. Das waren Elfenbein – und Negersklaven. Für sie ergab sich ein makaberes Zusammentreffen von Angebot und Nachfrage. Die neuen Baumwollaristokraten im Süden Nordamerikas brauchten genau solche Arbeitskräfte, zahlten dafür Geld und die europäischen Kapitäne bzw. ihre Reedereien versorgten sie.

Eine realistische Beschreibung davon, wie das ablief, hat der Kolberger Schiffskapitän Joachim Nettelbeck geliefert. In seinen Memoiren, die er mit 80 Jahren schrieb, und die er selbst „Lebensbeschreibung des Seefahrers, Patrioten und Sklavenhändlers" betitelt, hat er sehr detailliert dargestellt, wie der Kauf dieser Menschen, ihre Käfighaltung während der etwa zweieinhalb Monate dauernden Überfahrt und ihr Verkauf bzw. ihre Versteigerung an die Kunden sich vollzog. Er berichtet das alles in der gleichen Tonart, wie er von seinen sonstigen Abenteuern erzählt, ohne das mindeste Unrechtsbewusstsein. Im Gegenteil, er widmet seine Lebensbeschreibung dem König von Preußen mit den Worten, dass er „*achtzig Jahre herdurch, in Gesinnung und That weder König noch Vaterland verläugnet, und daß es je und je sein Stolz gewesen, sich als treuen Unterthan und unsträflichen Bürger zu erweisen. Von seinen zitternden, aber unbefleckten Händen möge Ewr. Königlichen Majestät auch dies geringe Opfer seiner Verehrung nicht mißfällig seyn. Colberg am dritten August 1821 Joachim Nettelbeck.*"

Dieser untadelige Mensch beschreibt nun, wie der Handel 1772 vor sich ging. Er selbst mit seiner Besatzung habe nicht auf Sklavenfang gehen müssen. Das sei auch viel zu gefährlich gewesen. Vielmehr hätten das die schwarzen Stammeshäuptlinge besorgt. Sie hielten ihre „*Waare*“ für die weißen Handelspartner bereit. Entweder hatten sie ihre Opfer feindlichen Stämmen abgejagt oder sie boten „*entbehrliche*“ eigene Stammesmitglieder zum Verkauf an. Bezahlt wurde „*mit Schießgewehren aller Art und Schießpulver in kleinen Fässern, mit Tabak und allerlei kurzen Waren, als kleine Spiegel, bunte Korallen*“ – also mit Schund und Kitsch – und nicht zuletzt mit „*Branntwein*“, unter dessen Einfluss dann das Geschäft schließlich perfekt gemacht wurde, so dass die Häuptlinge „*wohlbenebelt, lustig und unter lautem Halloh wieder dem Strande zueilten*“. „*Unsre Ladung bestand aus 425 Köpfen, worunter sich 236 Männer und 189 Frauen, Mädchen und Kinder befanden.*“ Am Beispiel dieser Handelsfahrt wird nun beschrieben, was sich unterwegs abspielte. Die Männer wurden paarweise mit Fußfesseln aneinander geschmiedet und hatten, um ihnen etwas Bewegung zu verschaffen, gemeinsam eine Auslaufkette wie Hofhunde, die ihnen ein paar Schritte erlaubte. Sie wurden durch mit Planken verkleidete Eisengitter von den Frauen getrennt. Diese hatten etwas mehr Freiraum, weil sie, zumal mit den Kindern, als weniger gefährlich galten. Zudem gab es eine Auswahl von sieben sogenannten Hofdamen. Die standen zur Verfügung des Kapitäns während der langen Überfahrt, der auch die Zuteilung an die Besatzung vornahm. Das waren besonders hübsche und junge Frauen. Mehr durften es nicht sein, denn man konnte nicht voraussagen, welcher Kundenwunsch am Ankunftsort im Vordergrund stand. Manchmal standen schwangere Frauen höher im Kurs, weil sie die nächste Sklavengeneration liefern würden, manchmal lag den Käufern mehr an der Lustbarkeit mit unverbrauchter Ware. Für die nächste Generation würden sie schon selber sorgen.

Zu Beginn der Überfahrt hätten alle Sklaven, die keine Ahnung davon hatten, welches Schicksal sie erwartete, eine fürchterliche Angst gehabt, sie seien als Unterwegsverpflegung für die weißen Herren eingekauft worden, die sie auffressen würden. Nettelbeck amüsiert sich köstlich darüber. Dann seien die Neger sehr erstaunt gewesen, dass sie Trinkwasser und eine tägliche Mahlzeit aus Graupen oder Grütze erhielten „*welche mit Salz, Pfeffer oder Palmöl durchgerührt ist.*“ Das sei ja notwendig gewesen, denn schließlich habe man eine „Waare“ mitgeführt, die am Zielort ihren Preis bringen musste. Man habe also eine möglichst große Zahl gesunde und in gutem Zustand befindliche Neger, die die Überfahrt überstanden, abliefern wollen. Da musste man zusehen, dass deren Versorgung ausreichend, den knappen Schiffsvorräten angepasst und nicht zu teuer war.

Mitte Dezember kam das Schiff in Amerika an. Der Kapitän hatte Pech, denn kurz zuvor hatte ein anderer Sklavenhändler den Markt schon weitgehend befriedigt und so musste er unter Preis verkaufen. Die Einzelheiten, so die Zuziehung von Medizinern, die wie die Veterinäre auf dem Viehmarkt den Gesundheitsstatus begutachteten, die Kriterien nach welchen die Ware beurteilt wurde und der Modus des „Eigentumsüberganges" sind nicht besser als die ganze Vorgeschichte. Diese hier dokumentierte Darstellung der Menschendeportation ist nur ein Beispiel für unzählige gleiche Vorgänge und stand 1772 noch am Anfang des Sklavenhandels europäischer Seefahrer mit Amerika. Denn die ersten Transporte lieferten überwiegend Arbeitskräfte für den Tabak- und Zuckerrohrbau.

Der große Bedarf entstand erst nach der Erfindung des „ginning" in der Baumwolle. Nun florierte das Geschäft und es gab eine Massennachfrage. Die Methoden wurden damit womöglich noch grausamer. Sie gehören zu den finstersten Kapiteln in der Geschichte der „westlichen Zivilisation".

Nun bildeten sich die Latifundien der „Cotton Lords", der Baumwollbarone in den Südstaaten der USA, es entstanden noch heute zu bestaunende Landsitze im „Colonial Style", und es entwickelte sich der aristokratisch geprägte „Southern Way of Life". Die Baumwolle boomte und wurde teilweise monokulturartig und flächendeckend angebaut. Denn die Nachfrage war groß. Infolge der Sklavenwirtschaft ließ sie sich kostengünstig produzieren, und das schuf einen Markt, namentlich auch in Europa, wo sie das Leinen als Textilfaser weitgehend ablöste. Zu Beginn des 19. Jahrhunderts entstanden auch in Deutschland die ersten Baumwollspinnereien und –webereien, die sich zu einer blühenden Industrie entwickelten. Das wiederum führte zusammen mit der aufkommenden Maschinenweberei zum sozialen Abstieg der Leineweber, was schließlich die Weberaufstände ausgelöst hat – eine Kettenreaktion, die in schlüssigem ursächlichen Zusammenhang steht.

Aber der Zustand wurde auch in Amerika zunehmend problematisch. Im Jahre 1800 gab es bereits eine Million Negersklaven in den USA, 1860 waren es 4,5 Millionen, bei einer Gesamtbevölkerung von 30 Millionen sind das 15%. Weitblickende Politiker in den Nord- und Südstaaten warnten vor der Möglichkeit sozialer Spannungen und davor, dass die Staaten einen Keim für Unruhen und auf längere Sicht schwer lösbare Probleme schufen. Vor allem aber: Das Selbstverständnis der USA und seine Verfassung leiteten sich aus der Französischen Revolution von 1789 ab. Die Unabhängigkeitskriege bezogen ihre Motivation zum großen Teil daraus, dass in Amerika der Staat entstehen solle, in dem die Freiheit das Leitprinzip war. Das vertrug sich schlecht mit der Sklavenwirtschaft. Der feudal-aristokratische Lebensstil des Südens, der „Southern Way of Life", kontrastierte immer stärker zum Lebensgefühl der Nordstaaten, die eine prosperierende Wirtschaft mit anwachsender Industrie, eine differenzierte, von Sklavenwirtschaft unabhängige Landwirtschaft, eine gute Infrastruktur und stabile Finanzverhältnisse aufweisen konnten. Kurz: Die Nordstaaten hatten sich zu einem modernen Industriestaat entwickelt. Die zum Norden zählenden Staaten hatten 1860 eine Gesamtbevölkerung von 21 Millionen Menschen, im Süden waren es gerade einmal 9 Millionen, von denen 3,5 Millionen Negersklaven waren. Die Wirtschaft war fast völlig auf die Baumwolle fixiert. Als 1860 Abraham Lincoln zum Präsidenten gewählt wurde, dessen erklärtes Ziel es war, die Sklaverei abzuschaffen, erklärten South Carolina, Mississippi, Florida, Alabama, Georgia, Louisiana und Texas ihre Abspaltung von den Vereinigten Staaten. Sie fürchteten nicht nur den Verlust ihres „Way of Life",sondern auch den der hohen Kapitalinvestition, die das Eigentum an den vielen Sklaven darstellte – und damit den Zusammenbruch ihrer hauptsächlichen Lebensgrundlage, des Baumwollbaus.

Die Erklärung des Austrittes aus dem Verbund der Vereinigten Staaten machten den „Civil War" unvermeidlich. Die Südstaaten wussten das wohl, aber sie rechneten damit, dass England und Frankreich zu ihren Gunsten intervenieren und die Chance wahrnehmen würden, das Ergebnis der Unabhängigkeitskriege zumindest teilweise zu korrigieren, um so die hoffnungslose Unterlegenheit des Südens aufzufangen. Die Rechnung ging nicht auf, denn die Weltöffentlichkeit stand einer solchen Spekulation entgegen. Das beruhte nicht zuletzt auf einem Buch von Harriet Beecher Stowe mit dem Titel „*Uncle Tom's Cabin*". Es schilderte am Beispiel der Titelfigur, einem alternden Negersklaven, unter welchen Bedingungen sich das Leben dieses Plantagenarbeiters abgespielt habe, wie er dennoch sich unermüdlich für seine Schicksalsgenossen eingesetzt habe, dafür selbst noch bestraft wurde und bis zur eigenen Erschöpfung zusätzliche eigene Entbehrungen auf sich genommen und mit Rat und Tat geholfen hat. Er war der gute Mensch, seine Aufseher und natürlich der Plantagenbesitzer waren die Bösen. Das Buch schildert auch eindringlich und kenntnisreich die mörderische Arbeit auf den Baumwollfeldern bei Hitze und erbarmungsloser Sonneneinstrahlung.

Das Buch wurde ein sensationeller Erfolg, in alle Weltsprachen übersetzt, in Deutsch mit dem Titel „*Onkel Tom's Hütte*", und trug dazu bei, die Baumwollstaaten des Südens moralisch und politisch zu isolieren. Es war gar nicht daran zu denken, dass England und Frankreich gegen „Uncle Tom" und zu Gunsten der Baumwollbarone intervenieren könnten. Die Baumwolle hatte ein Stück Geschichte gemacht.

Die war damit nicht zu Ende. Zwar wurde die Sklaverei 1865 durch Gesetz endgültig aufgehoben, so dass die Neger theoretisch frei geworden waren und Arbeitsplatz bzw. Wohnsitz hätten wechseln können. Aber praktisch hatten sie kaum eine Wahl. Sie konnten und kannten nichts anderes als die Arbeit auf den Baumwollfeldern, hatten keine Ausbildung und konnten größten Teils nicht oder nur sehr unvollkommen lesen und schreiben. So blieben sie überwiegend schlecht bezahlte Plantagenarbeiter und mussten von ihrem Lohn ihre Familien selbst unterhalten, denn die Fürsorgepflicht der Eigentümer war ja entfallen. Die soziale Deklassierung war also programmiert. Zwar gab es Bürgerbewegungen, die eine Schulausbildung und soziale Einrichtungen förderten, aber das konnte einerseits nur langfristig greifen und andrerseits gab es im Süden außerhalb der Baumwollproduktion kaum andere Arbeitsplätze. Es hätte einer Migration in andere Staaten bedurft – eine damals unrealistische Vorstellung, denn das hätte finanziert werden müssen und wäre im Grunde auch chancenlos gewesen.

Es hing also weiterhin alles am Baumwollbau. Dessen Zusammenbruch hätte eine wirtschaftliche und soziale Katastrophe bedeutet. Und die ließ kaum drei Jahrzehnte auf sich warten. Im letzten Jahrzehnt des 19. Jahrhunderts wanderte, von Mexiko kommend, eine Rüsselkäferart, der Baumwollkapselkäfer oder „Boll Weevil", *Anthonomus grandis*, in die Südstaaten ein, wo er das reichliche Nahrungsangebot der ausgedehnten Baumwoll-Monokulturen vorfand. Die Weibchen des Käfers stechen die Blütenanlagen, die sogenannten „squares" an, das sind die Knospen bzw. Fruchtknoten mit ihren Deckblättern, und legen ihre Eier hinein. Die aus ihnen schlüpfenden Larven fressen in den sich entwickelnden Baumwollkapseln, die dann entweder abfallen oder kaum mehr verwertbare Fasern liefern.

Der Schädling, gegen den damals keine Maßnahmen zur Eindämmung oder Bekämpfung zur Verfügung standen, breitete sich rasant aus. Bis zu Hälfte der Ernten ging verloren. Darüber gibt es bereits Statistiken. So sank in z.B. Texas der Ertrag:
1901 auf 54 %,
1902 auf 52 %,
1903 auf 51 %.

Hinzu kam, dass selbst die verbleibende Ernte zum großen Teil qualitativ minderwertig war: Befallene, aber noch geerntete Kapseln brachten eine nur sehr kurzfaserige und teilweise mit Larvenkot verschmutzte Rohbaumwolle hervor.

Prof. Loftin von der berühmten „Smithonion Institution" der USA, die etwa mit der deutschen Max-Planck-Gesellschaft vergleichbar ist, beschreibt dies 1946 in einem Rückblick so: *„Der Schaden, den der Kapselkäfer bei seinem rastlosen Zug durch den Baumwollgürtel anrichtete, drohte den Baumwollbau zu vernichten. Um zu verstehen, welches Chaos der Käfer auslöste, muss man bedenken, dass die Landwirtschaft und Industrie im Süden fast ganz von diesem einen Wirtschaftszweig – dem Baumwollbau – lebte, und dass Ertragsausfälle von einem Drittel bis zur Hälfte in den ersten Befallsjahren in jeder neu betroffenen Region eintraten. Farmer, Kaufleute und Bankiers gingen bankrott. In ganzen Gemeinden verödeten die Häuser und die Höfe. Arbeitskräfte und Pächter verzweifelten und zogen fort. Eine allgemeine*

Stimmung von Panik und Angst begleitete den `boll weevil´ auf seinem Vormarsch von Ort zu Ort. Er wurde Gegenstand zahlreicher Gedichte und `folk-songs´, und die `Ballade vom boll weevil´, die die Neger in den neunziger Jahren sangen, war der Ausgangspunkt des frühen Blues. Der Kapselkäfer wurde, zumindest mit seinem Namen und seinem Ruf, allgemein bekannt und sein Einfluss erstreckte sich bis in jede Wohnung.“

Die „Ballad of the Boll Weevil“ ist in der Tat sehr aufschlussreich. Es gibt sie noch, sogar in Tonaufzeichnungen. Die haben den unverkennbar melancholischen, traurigen Klang, der den Blues charakterisiert und der aus dem Nichts, in das die Negerfamilien vielfach gestürzt waren, nur zu begreiflich ist. Von den Texten gibt es vielfältige Versionen, auch regional verschiedene Varianten und immer wieder neu hinzugedichtete Strophen, die alle von einer großen Fabulierlust, einem bemerkenswerten Galgenhumor, von einem Wortwitz, der vielfach auf Doppelsinnigkeit beruht, und einer bitteren Grimmigkeit zeugen, die eine eigene Analyse verdienen würden. Auch die Drastik lässt nichts zu wünschen übrig. So wird etwa besungen, dass das Käfermännchen seinem Weibe vorschlägt „to meet at the square“. „The square“ – das ist natürlich nicht nur der Treffpunkt junger Liebender auf der Piazza, sondern in diesem Falle die Blütenknospe der Baumwolle mit ihren Deckblättern, in die das Weibchen seine Eier legt. Ein durchgängiges Schema, das sich durch alle Versionen hindurchzieht, ist das Wortspiel von „home“ und „hole“, wobei „hole“ sowohl die Bohrlöcher, die der Käfer in den Kapseln hinterlässt, bezeichnet als auch die Löcher in der heruntergekommenen Kleidung der Menschen und überhaupt das große Loch, das in allen Lebensbereichen durch den Zusammenbruch des Baumwollbaus entstanden war. Hier zwei Strophen zur Probe. Man muss sie sich in einem sehr breiten Slang vorgetragen vorstellen, bei dem man z.B. den Unterschied zwischen „hole“ und „home“ kaum heraushört.

„Well the boll weevil said to his ever loving wife
Can`t you get up and stand on your two big feet
Take a look over yonder in Arkansas
At all the cotton we have got to eat
We`ll have a home
We`ll have a home”

Das ist also die Aufforderung des Käfermännchens an sein liebendes Weib, mit ihm über die Grenze in die Fressgründe von Arkansas zu wandern. Und die Folgen sahen so aus:

„Well the boll weevil ate a half of cotton
Bankers stole the rest
They had left that poor old farmer`s wife
But a poor old ragged dress
It`s full of holes
It`s full of holes"

Die beiden Strophen bieten eine meisterliche Zusammenfassung des Geschehens: Die Einwanderung des Käfers nach Arkansas mit *„all der Baumwolle, die wir dort zu fressen kriegen"*, den 50 %igen Ernteverlust, die Tatsache, dass die Banken zur Kreditsicherung die verbliebene Ernte pfänden ließen (und dennoch z.T. bankrott machten) und die anschließende allgemeine Verarmung. Die traf die schwarzen Baumwollarbeiter natürlich noch viel stärker als die weiße Oberschicht. Erst zu diesem Zeitpunkt wurde die eigentliche Proletarisierung der Schwarz-Amerikaner zum allgemeinen Problem. Soziale Deklassierung, Vorurteile, Ungleichheit und Überheblichkeit prägten die allgemeine Einstellung und bewirkten in der Rückkopplung dann auch eine nicht zu bestreitende Kriminalisierung von perspektivlosen Farbigen, die sich in den Slums der großen Städte sammelten. Die Nachwirkungen halten bis heute an. Aber in den letzten fünfzig Jahren hat die amerikanische Gesellschaft eine erstaunliche Integrationsleistung bewältigt. Noch in den sechziger Jahren des 20. Jahrhunderts durften die „Niggers", wie sie noch immer genannt wurden, nur die hinteren Plätze in den Bussen benutzen, die Weißen saßen vorne. In vielen Restaurants hing ein Schild: *„Wir behalten uns das Recht vor, unerwünschten Personen den Zutritt zu verwehren."* Im Klartext: *„Neger unerwünscht."* Noch schwerer wogen Qualitätsunterschiede im Bildungswesen, unterschiedliche berufliche Chancen und gesellschaftliche Isolierung.

Dies alles wird nach und nach überwunden. Immerhin war Colin Powell ab 1989 ranghöchster Offizier aller US-Streitkräfte geworden und seit 2001 Außenminister der USA. Seine Nachfolgerin, Condoleezza Rice, ist ebenfalls afrikanischer Abkunft. Vermutlich hätten die Vorfahren der Familien beider Persönlichkeiten ohne die Sklaverei nie amerikanischen Boden betreten. Jedenfalls hat wohl keine andere Kulturpflanze die Geschichte Nordamerikas und seine Sozialstruktur so sehr geprägt wie die Baumwolle.

Baumwollkapselkäfer (*Anthonomus grandis*)
1) Eiablage 2) in der Baumwollkapsel minierende Larve 3) Larve 4) Puppe 5) Vollinsekt

Der neueste
deutsche Stellvertreter
des
indischen Zuckers

---

oder

der Zucker aus Runkelrüben,

---

die

wichtigste und wohlthätigste Entdeckung

des

18ten Jahrhunderts.

Berlin, 1799.

bei Oehmigke dem jüngern.

Tropische Kostbarkeiten und Kolonialismus – Gewürze, Zuckerrohr, Kakao, Kaffee, Tee, Kautschuk

Die Baumwolle ist das prominenteste Beispiel für eine subtropische oder tropische Kulturpflanze, deren Ernteprodukt schon in der Antike in Europa, dem Abendland, verbreitet war, importiert und genutzt wurde. Sie wurde damals im Mittelmeerraum, auch in Ägypten, offenbar nicht angebaut.

Auch der Zucker war schon verhältnismäßig früh bekannt geworden. Andere Produkte aus den warmen Regionen der Welt kamen erst recht spät in Europa an und übten hier eine große Faszination aus.

Aus Handelsniederlassungen werden Kolonien

Man kann wohl nicht sagen, dass einzelne dieser Pflanzen wirklich historische Relevanz erlangt hätten. Aber insgesamt stellten sie einen enormen Wert dar, einen Handelsanreiz sondergleichen und lösten eine Begehrlichkeit aus, die Machtpolitik in Gang gesetzt hat. Das war zweifellos eine der vielschichtigen Ursachen für den Kolonialismus.

Es lohnt sich, dies schlaglichtartig zu beleuchten. Denn in der Folge hat die Verlagerung von Anbauzentren, der wechselnde Anbauerfolg, das Auf und Ab von Hochblüte und Zusammenbruch einiger dieser z.T. börsennotierten „Effekten" tatsächlich ganze Volkswirtschaften in Schwung gebracht oder ruiniert und in den betroffenen Regionen einen jähen Wechsel von Wohlstand und Armut bewirkt. Handelskompanien schossen aus dem Boden und es rissen gelegentlich Methoden ein, die zu Recht noch heute Stoff für historisch-sozialkritische Filme liefern. Und in der Tat ist das Streben nach Imperien, Empires, die sich auf Kolonialbesitz stützten, in der Neuzeit bis ins 20. Jahrhundert hinein zu einer bestimmenden historischen Antriebskraft geworden.

Vielleicht kann man den Weg, der zum Kolonialismus geführt hat, mit dieser Abfolge charakterisieren:

- Entdeckung
- Erkundung
- Erschließung
- Eroberung.

Als erste Veröffentlichung über den Rübenzucker erschien 1799 diese 44seitige Schrift eines unbekannt gebliebenen Autors.

Das Entdeckungszeitalter begann in den letzten zwei Jahrzehnten des 15. Jahrhunderts: 1487 umschiffte Bartholomäus Diaz Afrika, 1492 entdeckte Columbus Amerika, 1497/98 erkundete Vasco da Gama den Seeweg nach Indien. 1500 fand der Portugiese Pedro Alvares Cabral Brasilien, 1542 Méndez Pinto Japan.

Trotz der Wahrnehmung dieser neuen, riesigen Dimensionen kam das überkommene, eurozentrische Weltbild nicht ins Wanken. Vielmehr blieb das Bewusstsein von der Überlegenheit Europas ungebrochen, und man verfolgte konsequent das Ziel, diese Welt zur europäischen Einflusszone zu machen, vielleicht auch aus missionarischen Gründen.

Dafür war es nach der Entdeckung der Landmassen natürlich vordringlich, zu erkunden, was sie zu bieten hatten. Was man nach und nach fand, war in hohem Grade verlockend. Das waren Gold, Diamanten und andere Edelsteine, später die Entdeckung wertvoller Erze. Das für sich allein war Anreiz genug. Aber zuerst gab es da seltene Früchte, die sich vorzüglich als Handelsware eigneten. Um sich aller dieser Güter bemächtigen zu können, bedurfte es einer Erschließung der neuen Gebiete. Wo und wie waren sie zu finden, wie konnte man ihre Verfügbarkeit verbessern?

Bei den Pflanzenprodukten bot sich ein planmäßiger Anbau an, den es meistens nicht gab. Aber der war nur zu bewerkstelligen, wenn einem das Land gehörte. Insofern gingen die beiden Phasen „Erschließung“ und „Eroberung“ ineinander über oder waren in der Zeitabfolge zuweilen austauschbar. Kurzum: es war am günstigsten aus den entdeckten, erkundeten und zu erschließenden Regionen Kolonien zu machen.

Die „American Peoples Encyclopedia“ definiert unter dem Stichwort „Colonial System“ wie folgt: „*Das Beziehungsgeflecht zwischen einer herrschenden Nation und einer von ihr abhängigen Bevölkerung, einschließlich des dazugehörigen Landes. Wesentlich ist die Spaltung der Gesamtbevölkerung in die herrschende Schicht der Kolonisatoren und den beherrschten Teil der Einwohner, die gewöhnlich die Majorität bilden.*“ Es war zumeist ein längerer Prozess, bis es zur formalen Bildung einer Kolonie kam.

Es begann mit dem Gewürzhandel

Am Anfang stand der Handel, und so waren es zunächst auch die seefahrenden europäischen Nationen, die Portugiesen, die Briten, die Holländer, die sich auf das gewiss zunächst abenteuerliche und risikoreiche Geschäft einließen. Aber es war auch lukrativ und begann schon im 16. Jahrhundert. Die begehrtesten Waren waren „Spices and Slaves“, Gewürze und Sklaven. Dabei waren die Gewürze interessanter. Sklaven waren schwer zu transportieren, konnten auf der Überfahrt krank werden oder sterben, mussten verpflegt und diszipliniert werden. Da waren Gewürze zu bevorzugen: Sie beanspruchten wenig Laderaum und stellten bei geringem Volumen einen hohen Wert mit beachtlicher Gewinnspanne dar. Man muss bedenken, dass viele dieser Gewürze nicht nur der Geschmacksverbesserung von Speisen dienten, sondern auch wegen ihrer antibakteriellen Wirkung wichtig für die Konservierung von Lebensmitteln waren. Daraus erklärt sich die große Nachfrage und – neben dem exotischen Reiz für Luxuskonsumenten mancher Spezialitäten – der hohe Handelswert. Am wichtigsten waren: Pfeffer in allen seinen Varianten, dann Anis, Kardamom, Chilli, Koriander, Cumin, Ingwer, Kapern, Paprika, Safran, Senfkörner, Zimt und vieles mehr. Die Händler wurden reich, eben zu „Reichen Pfeffersäcken", ein Spottname, der 1536 in der deutschen Literatur erstmalig auftaucht.

Es lohnte sich also, Handelsniederlassungen in Übersee zu gründen, zu denen die Ware herangeschafft werden konnte und von welchen aus man das Land weiter erschließen konnte.

Das Zuckerrohr wird zum Politikum

Die ersten Europäer, die den Rohrzucker kennengelernt haben, waren wahrscheinlich die Soldaten Alexanders des Großen auf dessen Zuge nach Indien. Doch das blieb Episode. Später, in der römischen Kaiserzeit, wurde Zucker als Luxusartikel importiert. Erst da entstand die griechisch-lateinische Vokabel „saccharon". „Sackos" ist der Sack, „Charis" die Gunst. Also war wohl ein Sack Zucker ein Sack Gunst oder eben Luxus. „Ex oriente Luxus" – das ist ein philologischer Kalauer. Aber er trifft ziemlich genau die frühe Phase der Einführung exotischer Köstlichkeiten in den Westen.

Wirklich eingebürgert wurde der Zucker in Europa erst durch die Araber, die sich in Spanien und Südfrankreich etabliert hatten. Aber er blieb ein rarer und teurer Artikel, so dass man noch im späten Mittelalter viel mehr mit Honig als mit Zucker süßte. Das Zuckerrohr lässt sich in tropischen Regionen als Flächenkultur anbauen. Das bedeutete bei immer verbesserten Handelsmöglichkeiten: Man konnte der steigenden Nachfrage durch verstärkten Anbau nachkommen und hatte einen festen und steigenden Markt, der es erlaubte einen lukrativen, den Transport lohnenden Handel zu betreiben. Daraus ergab sich eine stetige Entwicklung und etwas wirtschaftlich ganz Normales, gewiss kein Geschichtsereignis.

Das änderte sich mit der „Kontinentalsperre", die Napoleon 1806 anordnete: Jeder Handel und Verkehr zwischen dem europäischen Kontinent und England wurde, als wirtschaftspolitische Kampfmaßnahme, unterbunden.

Das hatte seine zwei Seiten, denn es lähmte den internationalen Handel, und namentlich solche überseeischen Produkte, für die die Umschlagplätze in England lagen, blieben ihrerseits vom Kontinent ausgesperrt. Dazu gehörte der Zucker. Er wurde wieder knapp, so knapp, dass er in bürgerlichen Haushalten zum Schutz verschlossen werden musste. Antiquitätensammler kennen die schönen Zuckerdosen aus dieser Zeit, klassizistische Silberarbeiten mit zierlichen Schlössern und Schlüsseln, nicht einbruchs-, aber naschsicher.

Die Knappheit begünstigte den Erfindergeist. Schon 1747 hatte Andreas Sigismund Marggraf, Mitglied der Preußischen Akademie der Wissenschaften zu Berlin, den Nachweis geführt, dass *„die Runkelrüben den bekannten aus dem Zuckerrohr bereiteten, vollkommen gleichen Zucker enthalten"*. Sein Nachfolger war Franz Carl Achard. Er war offenbar nicht nur ein vorzüglicher Wissenschaftler, sondern auch ein guter Wissenschaftsmanager, einschließlich der „Drittmittel-Beschaffung". Er hatte zunächst auf Versuchsflächen Rüben verschiedener Herkunft anpflanzen lassen, deren jeweiligen Zuckergehalt bestimmt und nach 15jähriger Arbeit 1799 eine Abhandlung darüber veröffentlicht. Daraufhin wurde ihm eine Subvention bewilligt, mit der er auf dem Gut Cunern, Kreis Wohlau in Schlesien, seine Untersuchungen in größerem Stile fortsetzen konnte. Und dort baute er, sozusagen als „Pilotprojekt", die erste Rübenzuckerfabrik der Welt, die 1802 in Betrieb ging.

Es ist im Nachhinein schwer zu beurteilen, was aus diesem kühnen Projekt ohne die Kontinentalsperre geworden wäre. Die Zuckerausbeute aus den Rüben war noch recht begrenzt, die ganze Prozedur vom Anbau der Rüben, das Schnetzeln und Schwemmen, die Abscheidung, Saturation, Filterung, Eindickung, Zentrifugierung über Kristallisation und Trocknung aufwendig und teuer. Gut möglich, dass das Projekt aus Kostengründen gescheitert wäre.

Aber es war der „Kairos", der richtige Augenblick. Denn auf einmal fiel die Konkurrenz des Rohrzuckers aus. Und die Zuckerknappheit verschaffte den engagierten Rübenforschern und frischen Zuckerfabrik-Unternehmern einen mächtigen Verbündeten: Napoleon selbst ordnete den großflächigen Anbau von Zuckerrüben in Frankreich und Deutschland an. Die Zuckerfabriken schossen aus dem Boden, arbeiteten zunehmend wirtschaftlich und ein blühender Wirtschaftszweig entstand. Es wurde noch einmal kritisch, als die Kontinentalsperre 1813 fiel. Aber da schottete der Kontinent sich nun seinerseits gegen die Einfuhr von Rohrzucker durch Schutzzölle ab, um einen Preisverfall beim Rübenzucker zu verhindern, ganz ähnlich wie in England die Getreidepreise durch die „Corn Laws" gestützt wurden (vgl. S. 68). Die hohen Lagerbestände an Rohrzucker, die sich in England angestaut hatten, wurden nun auf den Markt geworfen, und Zucker war billig wie noch nie. Der Anbau der Zuckerrübe, der sich nun etabliert hatte, war aber auch agrarwirtschaftlich von großer Bedeutung: Der Wechsel zwischen Halmfrucht und Blattfrucht wurde durch den Rübenbau gefördert. Das war ein wichtiger weiterer Schritt zu einer ausgewogenen Fruchtfolgewirtschaft, nachdem die Kartoffel schon zur Verfügung stand. Nur: Sie war überwiegend an die ärmeren Böden gebunden und eignete sich deshalb vor allem zum Alternieren mit dem Roggen. Die anspruchsvollere Zuckerrübe gehört auf schwerere Böden und wurde damit zum idealen Fruchtwechselpartner für den Weizen. Das ist bis heute so geblieben.

Umso schwerer wiegt es, dass die Rübe von der Kostenseite her mit dem „Rohr" schon längst nicht mehr konkurrieren kann. Die Situation ist ähnlich wie die nach der Aufhebung der Kontinentalsperre vor fast 200 Jahren. Diesmal schlägt die Globalisierung durch, und an die Stelle der Schutzzölle von damals sind heute die Subventionen der EG-Agrarpolitik getreten. Aber der Rohrzucker ist auf dem Weltmarkt wesentlich billiger als der Rübenzucker, und wenn alle Subventionsschranken fielen, wäre das wohl das Ende des Zuckerrübenbaus in Europa. Die Folgen sind im einzelnen kaum kalkulierbar: Agrarwirtschaftlich entfiele die wichtigste Fruchtfolgepflanze für den Weizen. Die Zuckerfabriken müssten stillgelegt werden, mit ersatzlosem Verlust von sehr vielen Arbeitsplätzen und einem hohen Investitionskapital. Zahllose landwirtschaftliche Betriebe, die mit der Zuckerrübe ihr Geld verdienen, müssten aufgeben, und man müsste über eine sinnvolle Verwendung der frei werdenden Flächen nachdenken. Das ist keine irreale Spekulation, der Abbau der Subventionen ist innerhalb der EG Diskussionsgegenstand, speziell im Hinblick auf den Rübenbau. Das wird noch zu einem erbitterten Ringen um die erträglichste Lösung führen, aber die Zukunft ist recht ungewiss.

Vielleicht wird die Lösung in einer ganz anderen Richtung liegen. Zucker ist ein bedeutender Energieträger. Auf der Welt herrscht eine Überproduktion, die auf die Preise drückt. Der mit Abstand größte Produzent von Zuckerrohr ist Brasilien, mit entsprechenden Absatzproblemen. Andrerseits verfügt Brasilien kaum über eigene Ölquellen oder andere fossile Energieträger, sondern ist auf Importe angewiesen. Daraus ergab sich die intelligente Überlegung, das heimische, nachwachsende Energiepotential, den Zucker, energiewirtschaftlich zu nutzen. Schon vor über 30 Jahren wurde, in der europäischen Öffentlichkeit merkwürdig wenig beachtet, ein groß angelegtes Programm konzipiert und seither konsequent umgesetzt, den Kraftstoffantrieb der Automobile mehr und mehr vom Mineralöl bzw. Benzin auf aus Zucker gewonnenem Alkohol, „Bioethanol", umzustellen. Das ist in bemerkenswerter Weise gelungen. Große Automobilwerke, bei denen „Volkswagen" eine Spitzenposition einnahm, konstruierten Motoren, die einen hohen Anteil von Alkohol leistungsstark nutzen konnten, ein Tankstellennetz für den neuen Kraftstoff wurde geschaffen, und da er billig gehalten wurde, setzte er sich rasch durch. Heute laufen in Brasilien bereits fast 30 Millionen Autos, die einen Kraftstoff mit 25 % Bioethanol tanken. Bei steigenden Ölpreisen wird diese Entwicklung immer interessanter. Sie ist wohl weltweit der bislang überzeugendste Versuch, nachwachsende Energie zu nutzen. Wenn diese Entwicklung anhält, und vieles spricht dafür, könnte es sein, dass von einer Überproduktion an Zucker nicht mehr die Rede ist. Dann würden die Zuckerpreise wieder steigen. Und vielleicht hält ja die Zuckerrübe bis dahin durch.

Aus Luxusartikeln werden Volksgetränke – Kakao, Kaffee und Tee im Wechselspiel der Geschichte

Salongetränke

Bis in die Mitte des 20. Jahrhunderts hinein hießen in Deutschland Einzelhandelsgeschäfte, die über die Grundnahrungsmittel hinaus auch noch „gehobene" Waren anboten, „Kolonialwarenläden". Deutsche Kolonien gab es schon längst nicht mehr, aber das Bewusstsein, Kakao, Kaffee und Tee seien, neben anderen Dingen, Erzeugnisse „aus den Kolonien" hatte sich gehalten und der Hauch des exklusiven, exotischen Genusses war geblieben.

Tatsächlich haben alle drei Getränke Europa relativ spät erreicht und begannen ihre sich wechselseitig beeinflussende Karriere in den Salons der besseren Gesellschaft genau zu der Zeit, in der der Überseehandel zu einem wichtigen Wirtschaftsfaktor wurde. Der Kakao eröffnete den Reigen.

Bevor der Konquistador Hernán Cortés (1485–1547) den Kakao nach Spanien brachte, hatte dieser in seinen Herkunftsländern schon eine lange Geschichte hinter sich. In Mexiko, Peru und anderen Teilen Zentral- und Südamerikas wurden die Schoten des Baumes von alters her von den Azteken geerntet. Die Kakaobohnen waren ein so wichtiges Handelsgut, dass sie als Zahlungsmittel benutzt wurden. Von den Azteken stammt auch die Erfindung, aus den aufbereiteten Bohnen ein Getränk herzustellen, den Kakao bzw. die „Chocolata" oder „Schokolade". Und so ist denn auch von den Azteken bis heute wenigstens der Name des weltweit geschätzten Getränkes erhalten geblieben. Es hieß „cacaoquahitl" und „chocolatl". Alles was aus der Neuen Welt kam, weckte in Europa die Neugier. Der Handel war noch wenig ausgebaut und so waren diese Genüsse, was ihren Reiz steigerte, teure Raritäten, die als Besonderheit an den Höfen gereicht und zu einer exklusiven Mode wurden. Es entwickelten sich, ähnlich den späteren Kaffeehäusern, in den Metropolen Kakaohäuser und „Chocolate Clubs", die vielfach auch zu literarischen Zentren wurden, ja, es entstand ein differenzierter Kult um das Getränk. Im Schokoladenmuseum in Köln kann man bestaunen, welche hübschen, zierlichen und edlen Porzellanschöpfungen speziell für die Einladungen „zu einem Tässchen Schokolade" geschaffen wurden, wie ein Salon aussah, in dem die höhere Gesellschaft das Getränk genoss und daraus auch entnehmen, wie kostbar es offenbar war.

Diese „Schokoladenkultur" bekam aber recht bald Konkurrenz durch den Kaffee. Der stammte zwar nicht aus der Neuen Welt sondern aus dem Vorderen Orient, dem heutigen Äthiopien und den arabischen Ländern und hatte in seinen Herkunftsgebieten eine lange Tradition, die von vielen Legenden umrankt ist, aber die Mode wechselte – nicht ohne Grund.

Offenbar war die belebende Wirkung der Kaffeekirschen und ihrer Kerne bei der Bevölkerung der Herkunftsgebiete schon immer bekannt. Sie wurden roh gekaut und hatten den großen Vorteil, anregend zu wirken ohne dass psychische Beeinträchtigungen eintraten. Wann und warum es zu der Erfindung kam, die Bohnen zu rösten, zu schroten oder zu pulverisieren und daraus ein Getränk zu bereiten, ist nicht bekannt. Eine wahrscheinliche Erklärung ist, dass Brände zur Entdeckung des aromatischen Geruches der auf diese Art unfreiwillig gerösteten Kerne geführt haben. Dann lag es nahe, nach Möglichkeiten zur Aufbereitung zu suchen. Jedenfalls stand am Ende dieser Entwicklung das duftende, belebende Getränk. Plausibel ist auch, dass die hohe Akzeptanz des Kaffees in den arabischen Ländern durch das Alkoholverbot des Propheten gefördert wurde. Es gab damit ein Genussmittel, das erlaubt war und keine Nebenwirkungen hatte wie der Wein.

In Europa tauchte der Kaffee deutlich später auf als der Kakao, und auch das ist von Legenden umrankt. Es gehört zu den „populärsten Irrtümern der Geschichte" (Gutberlet), der Kaffeekonsum sei eine Folge der türkischen Belagerung von Wien (1683) gewesen. Die türkische Armee, die hastig abziehen musste, hinterließ große Mengen an Gerätschaften und Versorgungsgütern, darunter auch einen größeren Posten ungerösteter Kaffeebohnen. Die banausischen Arbeitskolonnen, die das Türkenlager ausbeuten und aufräumen sollten, wussten damit nichts anzufangen, schritten zur „Entsorgung" und wollten das unbrauchbare Zeug verbrennen. Den Duft bekam ein Mensch namens Franz-Georg Kolschitzky in die Nase, der Dolmetscher war und türkische Gepflogenheiten kannte. Er stoppte das Autodafé, brachte die Säcke mit den Kaffeebohnen an sich und eröffnete das erste Wiener Kaffeehaus, das sozusagen zur Mutter aller europäischen Kaffeehäuser wurde. Der Siegeszug des Kaffees durch Europa begann. So die hübsche Geschichte. Nur stimmt sie leider nicht so ganz, denn es hätte der Türken vor Wien nicht bedurft, um den Kaffee in Europa bekannt zu machen. Wie immer waren die seefahrenden, Handel treibenden Nationen schneller, und da es sich diesmal um eine Spezialität aus dem Orient handelte, waren die das Mittelmeer beherrschenden Mächte führend.

Unbestritten ist, dass der Kaffee in dem stark von der byzantinischen Kultur geprägten Venedig zuerst bekannt wurde. Der genaue Zeitpunkt scheint ungewiss zu sein. Einige Quellen sprechen von Kaffeehäusern, die schon um 1560 in der Lagunenstadt prosperiert hätten, dann gibt es die Nachricht, das kostbare Getränk sei dort ab 1647 ausgeschenkt worden. Es folgte Marseille. Von den Hafenstädten, zu denen Amsterdam gehörte, gelangte es dann rasch in die Metropolen, nach London und Paris. Bereits 1673 erhielt ein niederländischer Kaufmann in der Hafenstadt Bremen ebenfalls die Lizenz, eine „Kaffeeschänke" zu eröffnen.

Es scheint, dass es sozusagen zwei verschiedene Kaffeeströme nach Europa gab. Der erste lief eben über die Hafenstädte und Handelszentren, schon einige Zeit vor der Belagerung von Wien, der zweite tatsächlich von diesem Ereignis aus, und zwar hauptsächlich nach den habsburgischen Ländern, nach Süd- und Mitteldeutschland sowie Osteuropa. Der Kaffee hatte es schwer, sich gegen die Schokolade durchzusetzen. Man musste sich an den bitteren Geschmack gewöhnen, lernte aber, ihn durch den ebenfalls exotischen und teuren Rohrzucker und durch Milch oder Sahne zu dämpfen, was in England bevorzugt wurde. Und als Orientalisches in den Salons zur Mode wurde und zudem das aufkommende edle Porzellan die Kaffeekultur mit exquisiten Schöpfungen, von Mokkatässchen bis zu Kaffeeservicen belieferte, setzte sich das Getränk durch. Übrigens beweisen die Zuckerdosen und Sahnekännchen, die zu diesen Ensembles gehörten, dass beide Zusätze zum Kaffee üblich waren.

Die Biedermeiertasse aus Fürstenberg (ca. 1840) zeigt einen 1839 entstandenen, heute leider völlig zerstörten Kaffeepalast.

Kaffee blieb ein teures Getränk, aber das wohlhabende Bürgertum entwickelte im 18. Jahrhundert eine gewisse Leidenschaft für ihn. So entstand in der selbstbewussten und reichen Stadt Leipzig eine besondere Vorliebe für das dunkelbraune heiße Getränk. Seither gilt Sachsen in Deutschland als die Hochburg der Kaffeetrinker par excellence. Dafür gibt es sogar einen musikalischen Beweis. Die launige Kaffee-Kantate von Johann Sebastian Bach ist um 1734 entstanden. Sie beschreibt die Auseinandersetzung eines Leipziger Vaters mit seiner heiratsfähigen Tochter, die eine unwiderstehliche Kaffeevorliebe hat. Der Vater *„brummt als wie ein Zeidelbär“*: *„Tu mir den Coffee weg.“* Darauf Tochter Lieschen: *„Herr Vater, seid doch nicht so scharf, wenn ich des Tages nicht dreimal mein Schälchen Coffee trinken darf, so werd` ich ja zu meiner Qual, wie ein verdorrtes Ziegenbrätchen.“* Es folgt die schöne Arie *„Ach, wie schmeckt der Coffee süße, lieblicher als tausend Küsse“*, mit der geradezu Suchterscheinungen verratenden Zeile: *„Coffee, Coffee muss ich haben.“* Die Geschichte geht so aus, dass der Vater der Tochter androht, solange sie „Coffee“ trinke, werde er nicht zulassen, dass sie heirate. Daraufhin willigt Lieschen in den Entzug ein, trickst den Vater aber dennoch aus, indem sie sich einen Bräutigam angelt, der ihr insgeheim versprechen muss, sie dürfe als seine Ehefrau soviel Coffee trinken, wie es ihr beliebe. Wie es sich für eine Kantate gehört, endet sie mit einem Schlusschor, um nicht Choral zu sagen, der lautet:

„Die Katze läßt das Mausen nicht,
die Jungfern bleiben Coffeeschwestern.
Die Mutter liebt den Coffeebrauch,
die Großmama trank solchen auch,
wer will nun auf die Töchter lästern?“

Einen hübscheren Beleg dafür, dass der Kaffee im ersten Drittel des 18. Jahrhunderts in Leipzig zum Volksgetränk geworden war, kann es nicht geben. Dennoch blieb der Kaffee ein Artikel für den gehobenen Konsum. Aber er war nicht mehr ausschließlich ein Getränk für den höfischen Gebrauch, sondern es gehörte zur Lebensart der bürgerlichen Kultur, „zu einem Kaffeestündchen“ einzuladen, den Kaffee zu besonderen Anlässen zu reichen oder allenfalls „des Tages dreimal ein Schälchen Coffee“ zu trinken. Aber das war schon etwas exzessiv – siehe Kaffeekantate. In der einfacheren Bevölkerung trank man „Malzkaffee“ bzw. „Körnerkaffee“ oder „Kaffee-Ersatz“. Immerhin zeigen alle drei Bezeichnungen, dass man lieber „echten Bohnenkaffee“ getrunken hätte – aber das war zu teuer. Eine besondere Rolle spielte der Kaffee in den Kaffeehäusern, die sich in den Städten etablierten. Sie wurden zu Zentren des intellektuellen Diskurses, Treffpunkt der literarischen Welt, Informationsstätten – denn dort lagen alle Zeitungen aus – und Stimulans namentlich für literarische Kleinkunst. Unzählige Essays, Feuilletons, Theater-, Konzert- und Buchkritiken sind bei einer „Melange“ oder sonstigen Spezialitäten in den Kaffeehäusern entstanden.

Umso erstaunlicher ist es, dass die Londoner Kaffeehäuser, die dort für den englischsprachigen Raum eine ähnliche Institution waren wie die Wiener Kaffeehäuser für den deutschsprachigen, nach 1870 nach und nach verschwanden oder zu Teestuben umgewandelt wurden. Das hatte Gründe. Aber für das Bürgertum signalisierte es eine neue Modeströmung, denn selbst in den vornehmen Londoner Clubs ging man auf Tee über. Die „feine englische Art“ lag damals im Trend, auch in der Herrenmode, in den Sportarten, der Nachahmung der Clubs, einschließlich der Yachtclubs und vielem mehr. Also wurde es namentlich in den tonangebenden norddeutschen Hansestädten auch schick, nunmehr Tee zu trinken. Wer auf sich hielt, lud nun zu einer „tea time“, zum „five o'clock tea“, zu einer „tea party“ oder zu einem „tea dance“, einem Tanztee, ein.

Ernteschwankungen und wechselnde Modetrends

Der merkwürdige Wechsel in den Vorlieben für die drei Salongetränke war aber durchaus keine reine Modefrage. Es standen z.T. massive wirtschaftliche Fakten dahinter, Kolonialinteresse, Missernten und sogar Überproduktion. Das schlug auf den Markt durch und ist insofern nicht nur eine reizvolle Kulturgeschichte der Getränke. Vielmehr spiegelt sich darin ein Stück Wirtschaftsgeschichte mit allgemeinhistorischen Bezügen.

Vermutlich stammten die ersten Kakaobohnen, die mit den Entdecker-Kapitänen nach Europa gekommen waren, noch nicht aus Anzuchten oder einem Kakaoanbau der indianischen Völker in den Herkunftsländern. Die haben wahrscheinlich als Sammler die natürlich vorkommenden Kakaobäume abgeerntet, was relativ einfach war, denn die „Kakaoschoten“, die etwa wie nicht gekrümmte, große, sehr dicke Gurken aussehen, wachsen direkt an den Stämmen, nicht im Gezweig. Das ist eine botanische Besonderheit, die deshalb auch einen eigenen wissenschaftlichen Namen hat. Der Kakao ist „kauliflor“, d.h. „stammblühend“. Abgesehen davon, dass das in jeder Grundvorlesung über Botanik vorkommt, erleichtert es die Ernte sehr, man braucht die Schoten nur vom Stamm abzupflücken oder abzuschneiden. Die auf solche Art gewonnenen Bohnen gab es natürlich nur in sehr begrenzter Menge und das Schokoladengetränk war entsprechend kostbar. Was es aber an den den vornehmen Lebensstil bestimmenden Höfen gab, schuf einen Anreiz für alle, die mithalten wollten und stimulierte deshalb den Handel. Da lag der Versuch nahe, Kakaopflanzungen anzulegen.

Es war der Sohn von Christoph Columbus, Bartolomé Columbus, der die Insel Hispaniola, das heutige Haiti, 1496 zur spanischen Kolonie machte. Das war die erste sozusagen amtlich als solche bezeichnete Kolonie in der neueren Geschichte. Sie ist nicht zuletzt deswegen gegründet worden, weil sie gute Voraussetzungen für einen planmäßigen Kakao-Anbau bot. Denn der Baum verlangt feuchte, windarme tropische Bedingungen, und das alles konnte namentlich der östliche Teil der Insel bieten, die heutige Dominikanische Republik. Sie ist noch immer, nach über 500 Jahren, der größte Kakaoproduzent Zentralamerikas. Offenbar bewährte sich der neue Weg, denn nach und nach begann man im ganzen karibischen Raum Kakaopflanzungen anzulegen und konnte so die wachsende Nachfrage befriedigen. Zwar sank damit auch der Preis, aber dafür wurde eine ungleich größere Käuferschicht erschlossen, zu der bald auch das gehobene Bürgertum zählte. Als dann der plantagenmäßige Anbau sich auch auf Südamerika ausdehnte, konnte der Kakao schließlich zum Volksgetränk werden. Nicht nur das, denn nun wurde es lohnend, aus *Theobroma cacao*, so der botanische Name, eine Fülle von Produkten herzustellen. Im 19. Jahrhundert gelang in der Schweiz die Herstellung von Schokolade in Form der heute noch üblichen Schokoladentafeln. Daraus entstand eine blühende Industrie, die immer neue Verfeinerungen entwickelte, wie das Konfekt und die Pralinen. Backwaren wurden mit Schokolade veredelt und so wurden aus den „Kakao-Häusern" die Konditoreien als Ausdruck einer neuen, gehobenen Lebensart der Bürger. Sacher in Wien und Krantzler in Berlin sind Beispiele dafür.

Der Weg von der nach Art der Sammler genutzten Frucht zum Industrieprodukt war freilich nicht frei von Risiken und Rückschlägen. Denn der gezielte, massenhafte Anbau einer zuvor in einem gegebenen Ökosystem verwobenen Pflanze schafft immer Bedingungen, die zu unerwarteten Effekten führen können. Die Chance liegt darin, der Pflanze Voraussetzungen zu schaffen, die ihr Gedeihen

Ein Becher schaumiger Schokolade besiegelt eine Hochzeit im 12ten Jahrhundert. Azteken teilten diesen bitteren, wässrigen Trank („xocoatl" genannt) mit Hernán Cortés. Er half, die kostbare Kakaobohnenernte in der Karibik und in Afrika zu verbreiten und führte das Schokoladetrinken 1528 in Spanien ein.

fördern. Die Bedingungen können sogar besser sein als im ursprünglichen Lebensraum, etwa durch Ausschaltung von Konkurrenz um Licht, Lebensraum und Wasser. Das Risiko ist stets, dass man natürliche Begrenzungsfaktoren mobilisiert, im wesentlichen parasitische Pilze und Insekten, die das massierte „Wirtsangebot" nutzen.

Beim Kakaoanbau ist das aber erstaunlich lange gut gegangen. Von Rückschlägen wird über sehr lange Zeit nichts berichtet. Allerdings gibt es Dokumente darüber, dass auf Trinidad 1727 eine Krankheit fast alle Pflanzungen zerstörte. Man nimmt heute aufgrund der Beschreibungen an, dass der Erreger der parasitische Pilz *Phytophthora palmivora* gewesen ist, also ein Vertreter der Gattung, zu der auch die Art *Phytophthora infestans* gehört, die über ein Jahrhundert später den Kartoffelbau in Europa so schwer getroffen hat. Vielleicht ist der Befall wegen der Insellage begrenzt geblieben und hat die anderen karibischen Anbaugebiete verschont. So genau weiß man das nicht, denn es kommt ja auch immer darauf an, wo es gute Beobachter und Chronisten gab. Das Fehlen von Beschreibungen aus dieser Zeit etwa von Jamaika oder Kuba besagt noch nicht, dass dort nichts passiert ist. Jedenfalls gab es 1727 so gut wie keine Ernte auf Trinidad. Man legte neue Plantagen an, und die brachten 1797 immerhin 43 t Ertrag, 1850 2.200 t und erlangten 1920 die Rekordhöhe von 28.000 t. Und dann ging es steil bergab. Es ist ein wissenschaftlicher Glücksfall, dass es, wiederum für Trinidad, erweitert durch die Nachbarinsel Tobago, eine durchgehende Statistik gibt. Für die frühen Zeitabschnitte seit 1727 sind das Rekonstruktionen aus den damaligen Mengenangaben für Schiffsladungen und den Berichten der Kolonialbehörden, die aber im Rahmen einer gewissen Fehlergrenze als zuverlässig angesehen werden können. Ab der Mitte des 19. Jahrhunderts dürfte es sich um exakte Zahlen handeln. Eine kleine Tabelle zeigt die dramatische Entwicklung. Im Jahre 1929 lag der Export aus Trinidad und Tobago, übereinstimmend mit der Angabe für Tobago für 1920, noch in der Größenordnung von 28.000 t. Die Zahlen sprechen dann für sich:

Kakaoexport aus Trinidad und Tobago

Jahr	Menge in Tonnen	Prozent
1929	28.100	100
1932	19.000	68
1936	12.900	46
1939	7.600	27
1943	3.600	13
1946	3.000	11

Was war geschehen? Trinidad und Tobago bieten nur ein zahlenmäßig besonders gut belegtes Beispiel für eine Katastrophe, die den Kakaobau damals in ganz Lateinamerika heimgesucht hat. Sie beruhte auf einem Zusammenwirken von drei durch pilzliche Parasiten hervorgerufenen Pflanzenkrankheiten, die damals nicht beherrschbar waren. Das war in erster Linie die so genannte Hexenbesenkrankheit, die von dem Pilz *Marasmius perniciosus* verursacht wird. Sie wurde erstmals 1895 in Surinam beobachtet, bald darauf in Britisch Guayana, trat 1922 in Ecuador auf, 1928 in Trinidad, danach in Grenada, Venezuela, im Süden Kolumbiens und in Peru. Darüber hinaus entstand ein ganzer Erkrankungskomplex. *Phytophthora palmivora*, die schon 1727 so schwere Schäden in Trinidad verursacht hatte, trat überall als Erreger hinzu, ergänzt durch den Pilz *Monilia roreri*, der der gleichen Gattung angehört wie „die Monilia", die zur Zeit in Mitteleuropa als Verursacherin der „Spitzendürre" den Kirschbäumen so sehr zu schaffen macht. Das Resultat war für die betroffenen Länder eine wirkliche Katastrophe, namentlich für diejenigen, für die der Kakaoexport das wirtschaftliche Rückgrat gebildet hatte, z.B. mehrere karibische Inseln und Ecuador. Für sie war mit dem Zusammenbruch der Pflanzungen die Existenzgrundlage weggebrochen.

Wo es Verlierer gibt, gibt es manchmal auch Gewinner. Die Nachfrage nach Kakao auf dem nun hohen Niveau bestand weiter, aber der Markt konnte von Lateinamerika nicht mehr befriedigt werden. In Afrika aber gab es Regionen, die von den Infektionen – zunächst – frei waren und einen erfolgreichen Anbau zuließen. Das waren, in der Reihenfolge ihrer Bedeutung Ghana, Nigeria, die Elfenbeinküste und Kamerun. Auch hier sagt eine kurze Zahlenreihe mehr aus als lange Erläuterungen. Das Jahr 1895/96 war wohl das letzte „Normaljahr" vor dem Einbruch der Missernten in Lateinamerika. Die Zahlen lauten:

Anteil an der Welt-Kakaoernte (in %)

Jahr	Lateinamerika	Afrika	Zusammen
1895/96	85	10	95
1905/06	74	23	97
1915/16	56	42	98
1925/26	37	61	98
1935/36	32	67	99
1945/46	35	65	100
1954/55	38	60	98
1964/65	20	78	98
2003	14	69	83

Das ist eine in mehrfacher Hinsicht aufschlussreiche Tabelle: Der Anteil Afrikas steigt stetig von Jahrzehnt zu Jahrzehnt, zeigt aber Einbußen im Zeitraum nach 1935 und vor 1964. Bis 1965 haben Lateinamerika und Afrika zusammen den Markt fast vollständig beherrscht. Inzwischen melden sich neue Mitbewerber aus Asien, insbesondere Indien und Indonesien. Sie haben 2003 einen Anteil von immerhin 17 % erreicht, Tendenz steigend. Lateinamerika hat offensichtlich das verlorene Terrain nicht zurückgewinnen können. Und der vorübergehende Rückgang in Afrika lässt sich am Beispiel des wichtigen Anbaulandes Ghana sehr schön erklären, das repräsentativ für die westafrikanischen Küstenstaaten steht. Hier hat wiederum ein Schadenskomplex zu einer kritischen Situation geführt. Zwei Arten von Kakaowanzen, eine Virose, die die sogenannte „swollen-shoot-disease“ hervorruft und die schon aus der Karibik bekannte *Phytophthora palmivora* schufen eine bedrohliche Lage. Knapp 40 % des Ertrages gingen verloren und die Zukunftsaussichten waren düster. Im Jahre 1957 sank die Ernte auf einen Tiefstand. Aber Westafrika profitierte davon, dass die Agrarwissenschaften seit der lateinamerikanischen Kakaokatastrophe vor rund dreißig Jahren fleißig gearbeitet hatten und dass schlagkräftige internationale Organisationen sich um eine sachgerechte Anwendung der neuen Möglichkeiten kümmerten. Ab 1957 begann die Food and Agriculture Organization der Vereinten Nationen (FAO) in Zusammenarbeit mit anderen international arbeitenden Fachinstitutionen und den westafrikanischen Staaten, Gegenmaßnahmen einzuleiten. Es hatte sich herausgestellt, dass die Kakaowanzen die Überträger der Virose waren. Zu dieser Zeit gab es bereits wirksame Insektizide, mit denen man durch Bekämpfung der Wanzen den Übertragungszyklus unterbinden konnte – die einzige Möglichkeit, der Virose Herr zu werden. Die Schotenfäule konnte man durch organische Fungizide ausschalten. Der Erfolg war spektakulär. Im Landesdurchschnitt stieg der Ertrag im ersten Jahr um 110 %, im zweiten Jahr, daraufgesetzt, noch einmal um 50 %.

Solche Vorgänge haben gewiss nicht Weltgeschichte gemacht. Aber für die Volkswirtschaften der betroffenen Länder, ihre Sozialstruktur, ihren relativen Wohlstand waren sie von entscheidender Bedeutung. Für die Verliererländer, wie in Lateinamerika vor allem Ecuador, waren die Folgen noch lange nachwirkend ein Desaster. Den Gewinnerländern, wie Ghana oder der Elfenbeinküste, entstanden wirtschaftliche Vorteile, die ihnen in ihrem Entwicklungsprozess einen wesentlichen Vorsprung verschafft haben, der – wenn politische Unvernunft in internen Machtkämpfen das nicht verhindert – gute Zukunftsperspektiven ermöglicht.

Freilich ist es nicht so gewesen, dass dem Rückgang des Kakaobaus in Südamerika ein nahtloser Anstieg in Westafrika entsprochen hätte, wie etwa beim Prinzip der kommunizierenden Röhren. Insofern geben die statistischen Zahlen nur die

Entwicklungstendenz wieder und lassen nicht erkennen, in welchem Maße das Auf und Ab der Erträge die Exportmöglichkeiten beeinflusst hat, wie hoch die Preissprünge waren und wie schwierig zeitweilig die Belieferung des Marktes war.

Das aber ergab für jenes Getränk, das mit dem Kakao um die Gunst des gehobenen Publikums konkurrierte, für den Kaffee, jeweils verbesserte Chancen. Jedenfalls stieg die Nachfrage nach der stimulierenden Köstlichkeit ständig und wegen des sich abzeichnenden hohen Handelswertes erschien es auch hier, genau wie beim Kakao, lohnend einen planmäßigen Anbau zu betreiben. Dafür war es natürlich am günstigsten, die Handelsspannen zu vermindern und die Pflanzungen in Regionen anzulegen, die der eigenen Gebietshoheit unterstanden, also in Kolonien.

Das britische Empire stand im 19. Jahrhundert im Begriff, sich weltweit auszudehnen. Dafür war die große Insel Ceylon, das heutige Sri Lanka, eine geostrategisch wichtige Basis. Von ihr aus konnte man die Kontrolle über den Indischen Ozean ausüben, und man konnte Flotten- und Militärstützpunkte einrichten, die man brauchte, um die Unterwerfung Indiens voranzutreiben. Sie war eigentlich erst 1877 endgültig abgeschlossen, als Victoria, Königin von Großbritannien und Irland, den Titel einer Kaiserin von Indien annahm. Da war Ceylon schon 80 Jahre britisch, denn es war 1795/96 erobert worden. 1802 erhielt die Insel den privilegierten Status einer Kronkolonie. Als sich nun auch noch herausstellte, dass das Land alle Voraussetzungen für einen erfolgreichen Kaffeebau bot, wurde es für das Mutterland noch interessanter. So interessant es als strategische Basis war – es war ein kostspieliges Unternehmen. Aber nun wurde, genau datierbar, ab 1825 Kaffee gepflanzt, und das machte Ceylon für etwa fünf Jahrzehnte zu einer der blühendsten britischen Territorien. Auch hier bewährte sich wieder die wirtschaftliche Kompetenz der Diplomaten bzw. Kolonialbeamten des Vereinigten Königreiches. Sie berichteten regelmäßig über die Erträge und die Exporte der Kaffee-Insel, die von Jahr zu Jahr stiegen und 1869 die Rekordhöhe von 51.000 t erreichten.

Aber der Verlauf war ganz ähnlich wie beim Kakao. Die Ernte ging, aus zunächst unerklärlichen Gründen, erst allmählich, dann dramatisch zurück. Das zeigt wiederum eine kurze Zahlenreihe. Die Kaffeeausfuhr aus Ceylon betrug:

1869	51.000 t
1879	41.885 t
1884	9.067 t
1893	2.815 t

Das bedeutete praktisch den Zusammenbruch des ceylonesischen Kaffeebaus. Die Aufklärung der Ursachen war ein Meilenstein in der wissenschaftlichen Phytopathologie. Der Vorgang selbst bewirkte, dass die Briten, die zuvor Kaffee tranken, sich auf Teekonsum umstellten, was seitdem als Merkmal und Charaktereigenschaft, eben als „very british", gilt. Ursache war der Erreger des Kaffeerostes, mit dem wissenschaftlichen Namen *Hemileia vastatrix*.

Es war die Zeit, in der die wissenschaftliche Erforschung der an Pflanzen parasitierenden Pilze in Blüte stand. Die zentrale Persönlichkeit dieser neuen Arbeitsrichtung war Anton de Bary in Straßburg, der die entscheidenden Beiträge zur Aufklärung der verheerenden Kraut- und Knollenfäule der Kartoffel und der Brand- und Rostkrankheiten des Weizens geliefert hatte. Aus seiner Schule stammte auch Pierre Marie Alexis Millardet, der den falschen Mehltau der Reben, die *Peronospora*, identifiziert und Möglichkeiten zu deren Bekämpfung aufgezeigt hat. Nun bekam ein relativ junger englischer Botaniker, Henry Marshall Ward, der am Christ's College in Cambridge promoviert hatte, ein Stipendium, um sich in Straßburg bei de Bary weiterzubilden. Das war 1879. Ein Jahr später erreichte den gerade fünfundzwanzig Jahre alten Wissenschaftler dort eine Depesche aus Kew Gardens bei London, er möge sich auf eine alsbaldige Forschungsreise nach Ceylon vorbereiten. Kew Gardens – das war das Königliche Institut, dass die Regierung in allen botanischen Fragen zu beraten hatte, vergleichbar etwa der späteren Biologischen Reichsanstalt in Berlin.

Nach nur zwei Jahren lieferte Ward seinen Bericht mit dem bescheidenen Titel „The Colombo Sessional Paper" ab, der seither als eine klassische Arbeit gilt, die den genauen Lebenszyklus des parasitischen Pilzes beschrieb. Aber den Auftrag, geeignete Bekämpfungsmöglichkeiten zu entwickeln, konnte Ward nicht erfüllen, obwohl er durchdachte, exakte Versuche angestellt hatte. Damals standen nur anorganische Schwefel- und Kupferverbindungen zur Bekämpfung von Pilzkrankheiten zur Verfügung. Aber sie versagten, bei der Schwere des Befalls, trotz verschiedenster experimenteller Variationen in Zusammensetzung und Dosierung der Wirksubstanzen und der Abstufung der Anwendungszeitpunkte. Dem Kaffeebau auf Ceylon war nicht zu helfen. Das beschränkte sich nicht nur auf Ceylon, sondern betraf auch andere Anbaugebiete in Südost-Asien, besonders Java.

Was aber die Kronkolonie Ceylon und damit indirekt auch das Mutterland anging, so wurden die an sich desaströsen Folgen des Zusammenbruchs der zuvor so profitablen Kaffeekultur mit bemerkenswerter Konsequenz, Staatsraison und Disziplin aufgefangen. Man versuchte es zunächst damit, andere auf dem Weltmarkt gefragte Produkte zu erzeugen. Das war etwa der Kautschuk, der immer interessanter wurde, oder die Chinarinde, die man für die Chiningewinnung brauchte. Da die Malaria in den Kolonien immer mehr an Bedeutung gewann, war die Behandlung mit Chinin, das die einzig taugliche Gegenmaßnahme war, wichtig geworden. Aber das alles funktionierte nicht so wie gewünscht.

Nur die Versuche, die Kaffee- durch Teeplantagen zu ersetzen, schlugen voll durch. Die bescheidene Anbaufläche von 450 Hektar, die bis 1875 angelegt worden war, bewährte sich so, dass es – ein riesiges Wagnis – in den frühen 1880er Jahren bereits 135.000 Hektar auf Ceylon gab, die mit Tee bepflanzt waren.

Die Tee-Ernten mussten dann aber auch abgesetzt werden, denn das war die Schlüsselfrage für alle, die sich in dem großen Sanierungsprojekt engagiert hatten. Das waren Politik, Finanzwesen, Wirtschaft und nicht zuletzt die Pflanzer selbst. Die Interessenlage aller Beteiligten mag durchaus unterschiedlich gewesen sein. Für London lautete die Priorität, dass die wichtige Kolonie nicht zu einem Krisenherd werden durfte. Die militärisch-strategische Bedeutung, die handelspolitisch günstige Lage und der für Operationen im Indischen Ozean äußerst geeignete Flottenstützpunkt verlangten, dass die Stabilität gesichert werden musste. Da waren zum Beispiel die zahlreichen aus Indien angeheuerten Arbeitskräfte, die für einen Sixpence am Tag in den Plantagen beschäftigt waren. Mit dem Zusammenbruch des Kaffeebaus und dem Bankrott vieler Pflanzer waren sie nun vollends einkommenslos und bildeten somit einen potentiellen Unruheherd. Die Regierung zögerte nicht, die Royal Navy in Bewegung zu setzen, die diese Inder mit ihren Kriegsschiffen „repatriierte". Dann mussten Maßnahmen getroffen werden, um die britische, bisher im Kaffeeanbau engagierte Bevölkerung zu stützen, denn es war undenkbar, einen sozialen Abstieg dieser Briten innerhalb der Kolonien vorzuführen. Sie waren ohnehin zum Teil dreifach geschädigt. Ihr in den Pflanzungen steckendes Investitionskapital war dahin, die laufenden Einnahmen aus den Ernten fielen aus und das erwirtschaftete, meist bei der Orientbank deponierte Vermögen hatte sich verflüchtigt, nachdem die Bank die Schalter hatte schließen müssen – sie war bankrott gegangen. Das hing unter anderem damit zusammen, dass die Bank ein Eisenbahnnetz finanziert hatte, das vor allem dem Transport des Kaffees vom Inland zu den Häfen diente. Nun gab es nichts mehr zu transportieren.

Eine Kooperation aller beteiligten Kräfte war also die Voraussetzung zur Sanierung. Die gelungene Umstellung auf den Teeanbau bildete die Basis – sofern man einen Markt dafür fand. Günstig war natürlich, dass der Ausfall der Kaffeeernten sich nicht nur auf Ceylon beschränkt, sondern praktisch in ganz Südost-Asien zumindest zu schweren Ausfällen geführt hatte, so in Java, Borneo, den Philippinen, der Malaiischen Halbinsel, den meisten pazifischen Inseln. Der Befall erstreckte sich schließlich auch auf Ostafrika. Das trieb natürlich den Preis gewaltig in die Höhe und schuf eine Marktlücke, in der sich der Tee plazieren ließ. Aber es war wichtig, dass dieses neue Aufgussgetränk bei den Konsumenten nicht als Kaffeeersatz angesehen wurde, was die Sehnsucht nach dem zu teuer gewordenen

Kaffee wach gehalten hätte. Sobald der Kaffee wieder erschwinglich zu haben war, wäre dann die Rückkehr zur guten, alten Zeit unvermeidlich gewesen. Diese Einschätzung war durchaus realistisch, da sich inzwischen in Brasilien und Kolumbien ein blühender Kaffeeanbau entwickelte, der nur darauf wartete, die neuen Märkte in Europa zurück zu gewinnen. Das wurde in London erkannt. Ceylon war so wichtig, inzwischen auch wegen des hohen in den Tee investierten wirtschaftlichen und politischen Engagements, dass dem vorgebeugt werden musste. Das war den führenden, in den Dimensionen des Empires denkenden Schichten klar. Da sie auch gesellschaftlich tonangebend waren, wählten sie einen Weg, der als ein Lehrstück moderner Werbestrategie gelten könnte. Es kam darauf an, den Tee als Merkmal der feinen Lebensart in der High Society zu etablieren und das Bewusstsein zu vermitteln, dass Kaffee nicht mehr „en vogue" war. Wer auf sich hält, so war die Botschaft, trinkt nicht mehr den altmodischen Kaffee, sondern stellt sich auf den viel aromatischeren Tee um, auf den jetzt selbst die Royals demonstrativ übergingen. Das war nachweislich so, und es war wegen Ceylon gesteuert. Selbstverständlich stellten sich die Königliche Familie und der Hof in den Dienst der nationalen Interessen und erteilten dem neuen Salongetränk damit die gesellschaftlichen Weihen. Das wirkte. Der Tee hielt Einzug in die Clubs, die Kaffeehäuser stellten sich um und wurden zu Teesalons. Mehr noch: Nun war der Tee Bestandteil des Alltags der Bevölkerung geworden, der durch Teepausen, „tea breaks", geradezu interpunktiert wurde, selbst in den Kontoren, Kanzleien, Büros, Instituten, Behörden und allen anderen Einrichtungen des öffentlichen Lebens. Der Tee war Nationalgetränk geworden, Ceylon konnte wieder prosperieren.

„Niemals geht man so ganz" heißt es heute oftmals tröstend in Todesanzeigen. Für den Kaffee in England gilt das auch.

Konrad Lorenz hat wunderbar demonstriert, wie Relikte längst unnötig gewordener kultureller Überlieferungen sich erhalten: So sahen die ersten Automobile aus wie Kutschen ohne Deichsel, und selbst als die Autokarosserien schon mehr der Funktion der Fahrzeuge angepasst waren, blieben als letztes Relikt bis weit in das 20. Jahrhundert noch die Trittbretter übrig, letztes Modell dieser Art vielleicht der Opel P 4.

Und so hinterließ der Kaffee auch beim britischen Teekonsum eine alte Reminiszenz. Die Briten waren gewohnt, dem Kaffee, um seinen bitteren Geschmack abzudämpfen, einen Schuss Milch beizufügen. Der englische Agrarhistoriker George Ordish hat 1965 in einem persönlichen Gespräch die Sache auf den Punkt gebracht: „*And that`s why the British still have some milk in their cup of tea.*" Bei der Gewohnheit, Tee mit Milch zu genießen, sendet also der Kaffee einen letzten Gruß.

Heute ist weltweit das Marktverhältnis zwischen Kakao, Kaffee und Tee weitgehend eingependelt. Es gibt hinsichtlich des Konsums aber durchaus eine Teilung in typische Kaffee- und Teeländer. Die Gründe liegen nicht zuletzt in den historischen Verlagerungen der Anbaugebiete, die mit Erfolg und Misserfolg der Ernten zu tun hatten und zu politischen Konsequenzen führten.

Der Frühkapitalismus hält Einzug in die Pflanzenproduktion – Der Nachfrageboom nach Kautschuk und die Folgen

Die Nachfrage nach Produkten aus den warmen Ländern war sicherlich auch dadurch gestiegen, dass das aufkommende Industriezeitalter eine neue, breite Schicht von Konsumenten geschaffen hatte. Aber nicht nur sie, auch die Industrie selbst entwickelte einen steil zunehmenden Bedarf an bestimmten Naturprodukten, die nur in den Tropen zu haben waren. Das schuf neue Impulse für das Streben nach kolonialem Einfluss mit dramatischen Wettbewerbsformen, die alle Züge des Frühkapitalismus trugen: Anhäufung von Reichtum, rücksichtslose Ausbeutung von Menschen und Ressourcen, Fieberkurven von Boom und Zusammenbruch, von Spekulationsgewinnen und Pleiten, von Luxus und Armut, von Geldadel und Proletarisierung. Der Kautschuk ist dafür ein klassisches Beispiel.

Kautschuk ist ein Naturprodukt, das aus dem Milchsaft, dem Latex, einer Reihe von Pflanzen gewonnen wird. Wird er mit geeigneten Methoden eingedickt, so entsteht daraus eine Masse, deren wichtigste Eigenschaft die Elastizität ist. Das ist uraltes Wissen und war schon den Mayas bekannt. Der legendäre Fußballbundestrainer Sepp Herberger war also ein tiefsinniger Kulturtraditionalist, als er verkündete, „der Ball ist rund", denn genau die Eigenschaften rund und elastisch zu sein, wies der aus dem 11. Jahrhundert nachgewiesene Gummiball auf, den die Mayas für Spiele benutzten, die ausgeklügelten Regeln folgten und in Arenen ausgetragen wurden.

Außer seiner Elastizität war der Kautschuk noch zuverlässig wasserabweisend und – wie sich viel später herausstellte – undurchlässig für elektrischen Strom. Das heißt, er wurde zu einem hervorragenden Isoliermaterial. Der mit herkömmlichen Verfahren gewonnene Gummi, „*gummi elasticum*", wie er hieß, hatte aber entscheidende Nachteile, denn er alterte schnell und wurde unter Temperatureinfluss brüchig. Um diese Einschränkung zu beheben, haben seit etwa 1810 Generationen von Kautschukchemikern daran gearbeitet, Dauerhaftigkeit, Stabilität und Festigkeit des Kautschuks zu beeinflussen und für verschiedene Verwendungsmöglichkeiten zu optimieren. Zu Anfang waren dies eher alchemistisch experimentierende Praktiker, die es mit verschiedenen Temperaturen beim Eindicken des Latex und mit Zusätzen verschiedener Mineralien versuchten. Aber allmählich kam System in die Verfahren, und als es durch Schwefelzusätze und Vernetzung gelang, den Kautschuk zu „vulkanisieren", stiegen die Verwendungsmöglichkeiten ins Ungemessene. Je nach Schwefelzusatz und Temperaturregulierung lernte man, verschiedene Stufen von Elastizität und Festigkeit fast nach Maß zu produzieren, sozusagen vom Schnappgummi bis zum Autoreifen, und einen hohen Grad von Alterungsresistenz zu erreichen. Der Kautschuk wurde damit zur Schlüsselsubstanz für ganze Sektoren der Industrieentwicklung. Aber der Rohstoff, Latex, war eine knappe Ressource. Denn seine Gewinnung konzentrierte sich auf eine begrenzte Anzahl von Pflanzenarten, die nur in ebenfalls begrenzten Regionen unter bestimmten Umweltbedingungen wuchsen und auch dort nur in begrenzter Anzahl vorkamen. Sie waren zudem in ihrer Leistungsfähigkeit als Latexproduzenten erschöpfbar.

Die wichtigsten Kautschukproduzenten sind Wolfsmilchgewächse, allen voran der Kautschukbaum *Hevea brasiliensis.* Er spendete den besten Latex und kam in Brasilien besonders in der Provinz Parà vor. Parakautschuk galt deshalb als Markenzeichen für besonders hochwertige Ware. Aber auch andere Pflanzenfamilien liefern Latex, so einige Maulbeergewächse, zu denen der Gummibaum gehört, oder auch die Gattung *Taraxacum* mit unserem heimischen Löwenzahn, von dem jedes Kind weiß, dass nach dem Pflücken ein weißer Milchsaft aus den Stängeln austritt, der nichts anderes als Latex, aber so dünnflüssig ist, dass man keinen Gummi daraus machen kann.

Zu den Kuriositäten gehört die Herkunft des englischen Wortes „rubber" für alle Kautschukprodukte. Sie erklärt sich daraus, dass 1770 ein englischer Geistlicher namens Joseph Priestley ein Stück von dem exotischen Gummi in die Hand bekam und einen ersten nützlichen Verwendungszweck entdeckte, nämlich, dass *„das Zeug hervorragend geeignet ist, Bleistiftnotizen von Papier abzureiben (to rub off)"*. Der Radiergummi hat also vor mehr als 230 Jahren die kommerzielle Verwendung des Kautschuks eröffnet und wurde gleichzeitig im Englisch-Amerikanischen zum Vater der Bezeichnung für alle Kautschukprodukte, vom Autoreifen bis zum Kondom, das in der amerikanischen Umgangssprache schlicht „the rubber" heißt.

Das Experimentieren mit dem Latex trug Früchte. 1823 fand der Schotte Charles Macintosh ein Verfahren, Textilgewebe mit einer in Benzin gelösten Latexmasse zu beschichten. Daraus wurden die Regenmäntel, die im Englischen noch heute eben „Macintosh" heißen, und die ersten Gummistiefel, die freilich recht plump aussahen und keine lange Haltbarkeitsdauer hatten: Sie wurden schnell brüchig und stanken penetrant. Als Charles Goodyear 1839 dann durch das „Vulkanisieren" den Durchbruch erzielte, eröffnete sich ein Markt, der die kühnsten Phantasien überstieg. Denn vulkanisierter Kautschuk war nicht nur in normalen Bereichen temperaturfest, er konnte verfestigt werden, ohne seine Elastizität einzubüßen, war resistent gegen organische Lösungsmittel, gut dehnbar und sehr abriebfest. Die Firma „Goodyear" war lange marktführend, wenn auch der Erfinder 1860 verarmt und hoch verschuldet starb, bevor die Früchte seines Engagements gereift waren.

Immer neue Verwendungsmöglichkeiten schossen aus dem Boden. Gegen Mitte des 19. Jahrhunderts kam ein merkwürdiges Vehikel, das Fahrrad auf, Velociped genannt. Es hatte ein riesiges Vorderrad, zwei kleinere, parallellaufende Hinterräder und musste regelrecht bestiegen werden, um den Sattel zu erreichen, auf dem man wie auf einem Kutschbock saß. Das war zunächst nur ein snobistisches Sportgerät, mit dem man sich mittels eines Tretmechanismus durch eigene Beinkraft fortbewegen konnte. Das Vergnügen muss begrenzt gewesen sein, denn die Wege waren holprig und schlecht und die Räder waren stahlbereift. Da kam wiederum ein Schotte, der Tierarzt John Boyd Dunlop, auf die Idee, das Velociped mit Gummireifen auszustatten. Ob er als Tierarzt das Dreirad für seine Praxistouren benutzt und deshalb als verbesserungsbedürftig erkannt hat, ist nicht überliefert. Aber seine Idee ging noch einen erheblichen Schritt weiter: Er erfand 1888 den ersten Luftreifen mit Ventil, der also aufblasbar war und einen wesentlich größeren „Fahrkomfort" aufwies. Dunlop hat, anders als Goodyear, noch zu Lebzeiten auch wirtschaftlichen Erfolg gehabt, denn die schon 1889 von ihm gegründete „Dunlop Rubber Company Ltd." florierte und stellte bald nicht nur Fahrradreifen, sondern auch Autoreifen, die ersten „Pneus" her.

Der Kautschuk boomte. Die Elektrizität wurde zum wichtigen Energieträger des Industriezeitalters und eroberte die Nachrichtentechnik. Damit wurden große Mengen von Kautschuk für die Kabelisolierung gebraucht, bis hin zu den Unterseekabeln, die quer durch den Atlantik verlegt wurden. Es gibt in der Industriegeschichte wohl kaum eine Parallele für eine vergleichbare Explosion der Nachfrage nach einem spezifischen pflanzlichen Rohstoff. Dem stand gegenüber, dass zu Beginn der zweiten Hälfte des 19. Jahrhunderts die Möglichkeiten, diese Nachfrage aus den äußerst begrenzten natürlichen Ressourcen zu decken, in einem krassen Missverhältnis zum Bedarf standen.

Die wichtigste Quelle für hochwertigen Latex war der im Regenwald des Amazonasbeckens wachsende Baum *Hevea brasiliensis.* Um die wertvolle Masse zu gewinnen, musste man dessen Rinde anritzen, die aus den Wunden austretende zähe Flüssigkeit in an den Stamm fixierte Behältnisse tröpfeln lassen und diese dann regelmäßig einsammeln. Die Bäume standen verstreut im Urwald, bildeten also keine Bestände, und mussten einzeln aufgesucht werden. Sie waren ein Teil des „Systems Regenwald" und gediehen nur im ökologischen Verbund mit der Vielfalt der anderen Arten, die dieses System bilden. Das bedingte eine – kulturhistorisch gesehen – paradoxe Situation: Der Latex musste im Stil steinzeitlicher Sammler zusammengetragen werden, um eine geographisch weit entfernt liegende, sich rasant entwickelnde Industrie mit Rohstoff zu versorgen.

Nach heutiger Wirtschaftsterminologie entstand ein ausgesprochener Verkäufermarkt, d.h. der Anbieter der Ware konnte wegen ihrer Knappheit den Preis weitgehend bestimmen. Was daraus entstand, war ein Szenario frühkapitalistischer Rücksichtslosigkeit, einschließlich der Ausbeutung von Menschen und natürlichen Ressourcen, die gleichzeitig makaber und in ihren Auswüchsen phantastisch ist.

Natürlich bildeten sich Unternehmen, die das Latexsammeln organisierten. Es wurden Kautschukpfade, so genannte „estradas", in den Regenwald geschlagen, die ähnlich den „traplines" der kanadischen Fallensteller regelmäßig zu begehen waren, um den Latex von den angezapften Bäumen einzusammeln. Dazu wurden Indios angeworben, die in einem System von Lohnverlockung, Kreditgewährung und daraus resultierendem Zwang in weitgehender Abhängigkeit gehalten wurden. Die Schilderungen zeugen, selbst wenn sie übertrieben sein sollten, von einer unglaublichen Menschenverachtung. Denn die Arbeitsbedingungen waren mörderisch. Waren schon die klimatischen Voraussetzungen im heißen, mit Luftfeuchtigkeit gesättigten Klima des Regenwaldes nur für Menschen erträglich, die daran adaptiert waren, so kam die Tatsache hinzu, dass die Pfade bei jedem Begang mit der Machete neu freigehauen werden mussten, weil das üppige Pflanzenwachstum des Regenwaldes sie rasch wieder überwucherte. Gefahren gab es auch durch Giftschlangen, Bisse oder Stiche giftiger Insekten oder Spinnentiere, vor allem aber den Mangel an sauberem Trinkwasser. Es war unmöglich, genügend Wasser für die Kolonnen mitzuschleppen. Also mussten sie sich unterwegs aus dem sumpfigen Boden, in dem das Wasser überall zu Tage trat, versorgen. Die Männer waren zu wenig hygienisch geschult, zu durstig oder zu fatalistisch, das Wasser abzukochen. Also gab es die entsprechenden Infektionen des Magen-Darmtraktes. Fieberschübe durch Tropenkrankheiten kamen hinzu, darüber hinaus gab es auch Angriffe mit giftigen Pfeilen aus dem Hinterhalt durch Amazonas-Indianer, die sich in ihrem Revierverhalten gestört fühlten. Die Sterblichkeitsrate war unglaublich hoch, wenige Kilo Latex standen statistisch jeweils einem Menschenleben gegenüber. Aber der Stoff wurde hoch bezahlt, und diejenigen, die ihn nicht sammeln mussten, sondern sammeln ließen und dann Handel damit betrieben, machten astronomische Gewinne.

Zeugnisse dafür kann man noch heute bestaunen. In Pará und Manaus schossen neue Metropolen aus dem Boden. In Manaus, sozusagen mitten im Urwald, wurde ein prächtiges Opernhaus gebaut, das es noch immer gibt, freilich inzwischen mit etwas Patina behaftet. Dorthin wurden für die dünne Oberschicht die besten europäischen Ensembles, Sängerinnen und Sänger geholt und fürstlich bezahlt. Caruso hat dort gesungen. Es entstanden Prachtbauten, Luxusvillen und ein überbordender Luxus. In dieser Zeit entstanden die Legenden, die vielleicht sogar wahr sind, dass die Kautschukmagnaten, wenn sie renommieren wollten, sich ihre Cigarillos mit Banknoten anzündeten. Da war es unausweichlich, dass man in anderen Teilen der Welt versuchte, an diesem Boom teilzunehmen. Man fand zwar nirgends Pflanzen, die Latex lieferten, der dem von *Hevea brasiliensis* gleichwertig war. Aber überall, wo es tropischen Regenwald gab, suchte man nach kautschukproduzierenden Gewächsen, so in Afrika und Südostasien. Die Überlieferungen über die Sammelpraxis, mit denen man die dort vorkommenden, den Milchsaft liefernden Pflanzen nutzen wollte, decken sich mit dem, was wir aus Südamerika wissen. Die amerikanischen Autoren Carefoot und Sprott haben für das damalige Belgisch-Kongo, wo relativ minderwertiger Latex einer rankenden Pflanze von afrikanischen Kolonnen gesammelt wurde, eine makabere Rechnung aufgemacht: Mit Hilfe dieser sklavenartig traktierten Neger wurden rund sechzigtausend Tonnen Kautschuk gewonnen und gut verkauft. Von der Anzahl der Neger, die diese Leistung erbracht haben, sind – weil sie im Urwald durch Schlafkrankheit, typhusartige Infektionen und Entkräftung dezimiert wurden – so viele umgekommen, dass die Statistik eine Relation von „ein Menschenleben für sieben Pfund Kautschuk" ergäbe. Das geschah um das Jahr 1900. Die Sklaverei war ja da eigentlich längst abgeschafft.

Aber wahrscheinlich hat die Magnaten vor allem in Brasilien viel mehr als diese Frage bekümmert, dass auch die Kautschukpflanzen nur begrenzt leistungsfähig waren. Die Rindenverletzungen, die die Bäume zur Absonderung des Milchsaftes anregen sollten, mussten regelmäßig erneuert werden. Das führt auf die Dauer zu einer Schwächung durch ständigen Entzug hochwertiger Nährstoffe, die Pflanzen „bluten aus", lassen in ihrer Produktivität und schließlich in ihrer Vitalität nach. Man musste immer neue „estradas" durch den Regenwald bahnen und neue, ertragsfähige Spenderbäume finden. Das wurde immer schwieriger, und da die Nachfrage weiter stieg, musste man andere Lösungen suchen. Da lag es nahe, den wichtigsten Produzenten dieses pflanzlichen Industrierohstoffes, den *Hevea*-Baum, kommerziell anzubauen. Man hat das versucht, und die dazugehörige

Geschichte ist gleichermaßen ein ökologisches Lehrbuchbeispiel und eine spannende Episode wissenschaftlicher Piraterie.

Im Ökosystem des Amazonas-Regenwaldes gibt es einen parasitischen Schlauchpilz mit dem wissenschaftlichen Namen *Dothidella ulei*. Dessen wichtigste Wirtspflanze ist *Hevea*. Unter den Umweltbedingungen, in denen der Baum natürlich vorkommt, stehen Wirt und Parasit in einem relativen Gleichgewicht. Der Pilz ist zwar überall zu finden, stellt aber keine bedrohliche Wachstumsbeeinträchtigung des Kautschukbaumes dar, weil die geringe Luftbewegung in der „grünen Hölle", die vom Boden bis zu den Baumwipfeln mit dichter Vegetation ausgefüllt ist, die Sporenausbreitung von *Dothidella* hemmt. Auch kann der *Hevea*-Baum selbst Blattverluste in seinem Standortoptimum rasch ausgleichen. Die satte Vegetation des Lebensraumes puffert jedes epidemische Auftreten ab.

Nun löste man mit dem Versuch, *Hevea*-Plantagen anzulegen, den Baum aus diesem Verbund heraus. Man pflanzte ihn in Abständen von sieben mal sieben Metern in Reinbeständen an, etwa wie in Europa Pappelbäume, sorgte damit für „Durchzug" und der Wind konnte die Sporen, die es überall gab, ungehindert verbreiten. Ständig wiederholte Versuche, in Südamerika *Hevea*-Plantagen anzulegen, scheiterten kläglich. Noch bevor sie eine erste Kautschukausbeute liefern konnten, wurden die Bäume durch die Pilzinfektion entblättert und gingen ein. Die Krankheit bekam den Namen „South American Leaf Blight" oder kurz „SALB". Und „SALB" hat nicht nur die Geschichte des Kautschukanbaus und die Wirtschaftsgeschichte beeinflusst.

Diese Pflanzenkrankheit hat nachhaltig den allgemeinen Geschichtsablauf im ausgehenden 19. Jahrhundert und in der ersten Hälfte des 20. Jahrhunderts mitbestimmt. Denn sie war es letztlich, die bewirkte, dass sich der Schwerpunkt der Kautschukproduktion nach Südostasien verlagerte. Damit gelang es zunehmend, die Weltnachfrage aus den dortigen Ernten zu befriedigen, den Aufschwung der Automobilindustrie möglich zu machen und das Zeitalter der individuellen Mobilität einzuleiten. Die Erfindung des Otto- und des Dieselmotors mit ihren Folgen hat nicht nur das Verkehrswesen in der ganzen Welt revolutioniert, sie hat auch die Infrastruktur ganzer Erdteile, Länder und Städte entscheidend verändert und die Lebensformen unzähliger Menschen bis ins Privatleben hinein geprägt. Diese Entwicklung ist aber untrennbar damit verbunden, dass die Autos Reifen haben mussten. Den Rohstoff dafür, den Kautschuk, hätte man auf die Dauer durch die steinzeitliche Methode des Sammelns von Latex nicht liefern können. „SALB" verhinderte in Südamerika eine planmäßige Produktion. Aber der hochwertige Parakautschuk, aus *Hevea* gewonnen, war ein südamerikanisches Monopol. Je knapper, desto teurer – und also versuchte man es mit einem strikten Ausfuhrverbot für diese gewinnbringenden Pflanzen und ihre Samen. Aber die Rechnung ging nicht auf. In einer Atmosphäre, in der das schnelle Geld die Mentalität bestimmt, gedeihen immer auch Korruption und Bestechlichkeit.

Die Konsequenz war eine der vielleicht folgenreichsten Schmuggelgeschichten, die es gibt und die auch deswegen so pikant ist, weil sie sozusagen unter den Augen von Her Majesty, the Queen, von der britischen Regierung nach genauen Vorgaben der Royal Botanists in Kew Gardens bei London inszeniert worden ist. Die gelehrten Herren der Tropenabteilung dieser renommierten Einrichtung wussten alles über *Hevea* und „SALB“ und waren zu folgendem Schluss gekommen: Wenn man eine Latexproduktion in den Kolonien aufbauen wollte, dann durfte man keine *Hevea*-Pflanzen, Setzlinge oder Stecklinge aus Südamerika verwenden, die Gefahr, den Krankheitserreger einzuschleppen, wäre zu groß gewesen. Man musste also an Saatgut kommen. Da der „Leaf Blight“ ja eine Blattkrankheit war, konnte man davon ausgehen, dass die Samen befallsfrei waren. Weit beruhigender aber war, dass die Sporen von *Dothidella* nur wenige Stunden keimfähig bleiben und das auch nur unter den Bedingungen der hohen Luftfeuchte im Regenwald. Den Samen etwa anhaftende Sporen würden also den Transport nicht überleben. Der Rest wurde mit viel Geld, dem Schneid britischer Seeleute und einer hervorragenden Organisation bewerkstelligt.

Es fand sich ein Agent, der gegen einen guten Batzen von Dollars zu einem vereinbarten Zeitpunkt im Jahre 1875 auf den „estradas“ 70.000 *Hevea*-Samen einsammeln ließ. Sie wurden in Säcken verpackt und gut getarnt auf ein bereitstehendes Schiff gebracht und dort im Zwischendeck versteckt; es gab keine Beanstandung durch die Hafenpolizei. Man konnte auslaufen. Ob die Hafenpolizei die brisante Ware nicht entdeckt hat oder vielleicht auch gut geschmiert war, ist nicht überliefert. Das Schiff fuhr jedenfalls auf schnellstem Wege nach England, die Samen wurden dort noch im Hafen ohne Einfuhrbürokratie von den „Botanists“ übernommen und in den Tropengewächshäusern von Kew Gardens ausgesät. Immerhin ergaben sie 2000 Hevea-Keimlinge. Und diese bildeten die Grundlage für den späteren Plantagenanbau in Ceylon, Indien, später auch in Malaysia und vor allem Java. Das südamerikanische Monopol für Hevea- oder Parakautschuk war gebrochen, und der planmäßige Anbau gelang. Das erst führte zum eigentlichen Aufschwung der Kautschukindustrie und schließlich zu einer vollen Bedarfsdeckung. Um 1920 wurden in Südostasien etwa 350.000 Tonnen Kautschuk geerntet, aus Naturvorkommen stammten 50.000 Tonnen. Die Monopolherrlichkeit in Südamerika brach zusammen, denn die Preise normalisierten sich.

Im Jahre 2003 wurden auf der Welt 7,4 Millionen Tonnen Naturkautschuk erzeugt, davon ganze 117.000 Tonnen in Südamerika und 6,8 Millionen Tonnen in

Asien. Der Vorhang hinter dem vorerst letzten Akt des Kautschukdramas ist gefallen. Denn der Naturkautschuk hat, beginnend etwa seit 1930, Konkurrenz durch den synthetischen, aus der chemischen Industrie stammenden Kautschuk bekommen, der in Deutschland unter dem Namen Buna eingeführt wurde. Seither ist der Kautschuk eine Handelsware geworden, wie viele andere Produkte auch. Er ist und bleibt wichtig genug, hat aber seine sensationelle Sonderstellung eingebüßt.

Der Kautschukboom spülte im 19. Jhdt. einen enormen Reichtum nach Brasilien. Mitten im Urwald wurde die Stadt Manaus aufwendig errichtet. Sie erhielt ein prächtiges Opernhaus, „ein Monument der Häßlichkeit, eine Art Gipspantheon“, so ein Beobachter (vgl. S. 161).

Der Siegeszug eines wirtschafts-ethischen Begriffes – Raubbau, die „Große Holznot“ und das Nachhaltigkeitsprinzip

Vom Holzüberfluss zur Mangelware

Baumwolle und Kautschuk sind die beiden Rohstoffe pflanzlicher Herkunft, die in jüngerer Zeit Bedeutung erlangt haben. Aber es kann kein Zweifel darüber bestehen, dass der Rohstoff Holz und sein Produzent, der Wald, seit dem Entstehen der Menschheit in ständiger Wechselwirkung zu deren Entwicklung gestanden hat, ja eine Existenzvoraussetzung war.

Denn Holz war zunächst die einzige vom Menschen nutzbare Energiequelle, die es ihm ermöglichte, den kontrollierten Gebrauch des Feuers zu erlernen. Viele Anthropologen meinen, genau das sei der entscheidende Entwicklungspunkt und ein spezifisches Kriterium für den „Eigenweg des Menschen“ gewesen. Die Prometheus-Erzählung in der griechischen Mythologie weist in die gleiche Richtung. Holz stand zudem für das damalige Verständnis unbegrenzt zur Verfügung. Es ging nur darum, es brennbar aufzubereiten. Natürlich konnte man trockenes Holz sammeln. Aber wenn man mehr brauchte, musste man stehendes Holz nutzen. Und da es sich auch mit relativ primitiven Hilfsmitteln einigermaßen bearbeiten ließ, hat das eine weitere spezifisch menschliche Fähigkeit, den Werkzeuggebrauch, deutlich vorangebracht.

Der wiederum hatte eine weitere Folge: Holz erwies sich nicht nur als wichtigster Energieträger, sondern auch als nahezu universeller Werkstoff für Geräte, die ersten Hütten, den Bau von Einbäumen oder Booten und vieles mehr. Holz als Energieträger, Roh- und Werkstoff wurde geradezu ein Wechselwirkungspartner in der Entwicklung der menschlichen Zivilisation. Für die dokumentierte Geschichte lässt sich das gut nachverfolgen.

Gleichzeitig aber ergab sich notwendigerweise auch eine Auseinandersetzung des Menschen mit der Quelle des Holzreichtums, dem Wald. Je weiter die Entwicklung ging, desto mehr brauchte man Flächen für die landwirtschaftliche Nutzung. Das heißt: Man musste roden. Das war so lange unproblematisch, wie man gleichzeitig Holz für den immer anspruchsvoller werdenden Energiebedarf sowie als Werkmaterial brauchte und es gewinnen konnte, wenn man den Wald zu Gunsten von Ackerland zurückdrängte. Ein schwieriger Balanceakt. Denn wenn man dem Wald langfristig mehr abverlangte, als er leisten konnte, musste eines Tages ein Kollaps eintreten, der dann wieder Rückwirkungen auf die gesamte zivilisatorische, einschließlich der agrarischen Entwicklung haben musste. Dieser Vorgang ist so beispielhaft und in seinen Auswirkungen auf das moderne Nachhaltigkeitsdenken so bedeutungsvoll, dass es sich lohnt, ihm historisch nachzugehen.

Die Zurückdrängung des Waldes war umso folgenreicher, je ungünstiger das Klima für eine Wiederbewaldung war – wie im Mittelmeerraum. Die Folgen lie-

Abb. links: Bis weit in das 18. Jhdt. hinein wurde in Deutschland Raubbau am Wald betrieben. Abb. aus: „Tractatus de Jurisdictione Forestali“, Johann Jodoco Beck, Nürnberg, 1733. Holznutzung, Waldweide und Jagd dominierten.

ßen länger auf sich warten, wenn das Waldklima sehr ausgeprägt ist, wie in Mitteleuropa. Und der jeweilige Holzbedarf, der von der Besiedlungsdichte und dem kulturellen Niveau bestimmt wurde, war – neben dem Flächenanspruch der entstehenden Landwirtschaft – der Steuerungsfaktor.

Beispielhaft dafür ist das antike Rom. Für die Anlage und bauliche Ausstattung der damaligen Weltmetropole, die damit gleichzeitig ihren imperialen Anspruch dokumentierte, musste das Holz aus dem Apennin herhalten (vgl. S. 25). Denn der Bedarf an Holzkohle für die Ziegelbrennerei war unermesslich. Die einzig nennenswerte Energiequelle Holz musste zudem für die Tonbrennerei, für die Thermen und Hausheizungen, das Salzsieden, Kalkbrennen, die Pottasche-Gewinnung und für die Metallverhüttung genutzt werden. Holz war eben zudem ein universaler Werkstoff. Er lieferte Nutzholz für Brücken, Häuser, Straßenpflasterung, Häfen, Schiffe, Werkholz für Wagen, Mühlen, Gerätschaften, Möbel und vieles mehr.

Die Ausbeutung des Waldes in Italien war damals so vollständig, dass der schwer transportable Rohstoff Holz aus anderen Teilen des Imperiums herangeschafft werden musste – bis aus dem Libanon und aus Spanien. Die Entwaldung des Mittelmeerraumes ist aus heutiger Sicht in erster Linie die Folge einer römisch-antiken Energiekrise. Dabei war das Dilemma, dass man das schwere Material nur auf dem Wasserwege und bestimmt nicht über die Alpen transportieren konnte. So blieben die großen Waldreserven nördlich der Alpen durch den römischen Bedarf unangetastet. Das änderte sich, als mit den Römern auch der Städtebau nach Mitteleuropa kam. Der bis dahin unbeschädigte und fast ungenutzte Wald in Germanien ist den Menschen aus dem Mittelmeerraum so barbarisch vorgekommen, wie die hier lebenden Stämme. Man muss sich vorstellen, dass von der Nordsee bis zu den Alpen eine mehr oder weniger geschlossene Waldvegetation herrschte, in einem feuchten und kalten Klima, was, wie man bei Tacitus nachlesen kann, bei den Römern den Eindruck des Grauenhaften hervorrief. Sie versuchten also, soviel Rom nach Germanien zu bringen, wie möglich – auf Kosten des Waldes. Das bekannteste heute noch sichtbare Beispiel hierfür ist die Konstantinsbasilika in Trier – erbaut aus römischen Flachziegeln, die aber nunmehr mit Holz aus der Eifel und dem Hunsrück gebrannt waren bzw. aus dem Wald an den Moselhängen, der gerodet und in den Weinbau überführt wurde. Rodung und Einschlag des Waldes hatten eine Doppelfunktion: Holzbeschaffung für die kulturellen und zivilisatorischen Bedürfnisse und Gewinnung von Fläche für die agrarische Nutzung. Man brauchte Holz, und der scheinbar unermessliche Wald konnte es liefern.

Beginnend mit den von den Römern eingeleiteten höheren Lebensansprüchen hat sich in den damaligen keltischen und germanischen Siedlungsgebieten allmählich eine Scheidung von Feld- und Waldmark vollzogen, mit der Folge, dass der Wald in Deutschland etwa um das Jahr 1200 auf ein Drittel bis ein Viertel der Landesoberfläche zurückgedrängt war, das heißt, gut 70 % waren einer zivilisatorischen Nutzung zugeführt. Es ist dies der tiefgreifendste ökologische Eingriff, der in diesen Breiten in geschichtlicher Zeit überhaupt stattgefunden hat. Nichts, was nachher an Entwicklung der Landwirtschaft, an städtebaulichen, verkehrstechnischen oder industriellen Maßnahmen vorgenommen worden ist, war ökologisch vergleichbar relevant. Diese Aufteilung von Feld- und Waldfläche war etwa zur Zeit der Salierkaiser (1024 bis 1124) weitgehend abgeschlossen und hat sich seither nur noch graduell verändert.

Die Folgen waren vielfältig und vielschichtig. Das zuvor durch die nahezu vollständige Waldbedeckung geprägte feucht-kühle Regionalklima wich einem Klima, das atlantisch bis kontinental bestimmt war und wie es seitdem, mit temporären Schwankungen bis heute fortbesteht. Das acker- und weidefähige Land war so ausgeweitet worden, dass die Bauern und landbesitzenden Lehnsherren Ernten erwirtschaften konnten, die eine Versorgung der Bevölkerung in den Städten und Marktflecken, die damals aufblühten, möglich machten. Deshalb häufen sich in den letzten Jahrzehnten und wohl auch in der näheren Zukunft so viele Tausendjahrfeiern und Stadtjubiläen. Und: Alle diese Städte konnten nur gebaut werden, weil durch die Rodung gewaltige Mengen von Holz anfielen, die entweder durch Köhlerei zu Holzkohle verarbeitet wurden, mit der man Ziegel brennen oder andere Gewerbe versorgen konnte, die aber auch Bau- und Nutzholz lieferten, zunächst scheinbar unbegrenzt.

Eines Tages war dieser Vorrat aufgezehrt oder ungenutzt verdorben. Der weitere Holzbedarf musste aus der restlichen Waldfläche gedeckt werden. Und da waren die Vorräte dann nicht mehr unbegrenzt. Niemand wäre aber damals auf die Idee gekommen, dass man so etwas wie Raubbau betrieben habe.

Und so wiederholte sich nördlich der Alpen in gemäßigtem Tempo das, was sich im antiken Rom schon vollzogen hatte: Die Hofhaltungen, das aufstrebende Städtebauwesen, die gewerbliche Wirtschaft und nicht zuletzt die Klöster, der Kirchenbau – man denke an die Backsteingotik – führten zu einer zunehmenden Beanspruchung und regional zu einer Ausplünderung des Waldes. Als walderhaltend haben sich damals die Jagdleidenschaften der Feudalherren erwiesen. Für sie war die „Hohe Jagd“ reserviert, von der sich noch heute der Begriff des Hochwildes ableitet. Dieses fand aber nur in großen zusammenhängenden von jeder Nutzung ausgenommenen Waldgebieten ausreichenden Lebensraum. Solche Bannwälder lagen „außerhalb“, lateinisch „*foris*“ oder „*forestris*“, jeden Zugriffs. Daher kommt unser Wort Forst – modern ausgedrückt waren das eigentlich Naturschutzreservate.

Die Aussperrung der Bürger und der Bauern aus dem Forst war sozial durchaus gravierend. Denn die Nutzung des Waldes beschränkte sich ja nicht allein auf das Holz, vielmehr hatte er eine damals mindestens ebenso wichtige dienende Funktion für Landwirtschaft und Handwerk – und diese setzte vielfach eine neue, zusätzlich zum Raubbau auftretende Kategorie von Schäden. Absolut üblich war die Waldweide – daher das noch heute gebräuchliche Wort „Hutewaldungen“, vom Viehhüten. Gravierender noch war, dass die Einstreu für die Ställe im Walde zusammengerecht wurde – wodurch der Nährstoffkreislauf unterbrochen wurde und viele Waldböden versauerten und verhagerten (verarmten). Die letzten Streunutzungsrechte sind erst im 20. Jahrhundert abgelöst worden. „Harzungen“ dienten der Kien-Gewinnung, „Schälwälder“ mussten Gerbrinde liefern. Die Folge von alledem war vielfach ein lückiger Wald, mit weiten, vergrasten Blößen und nur wenigen Baumstämmen oder einzelnen Baumveteranen, die vom Wind zerzaust waren, weil ihnen der Schutz innerhalb des Bestandes fehlte. Der jahrhundertelange Raubbau begann jetzt Wirkung zu zeigen. Der Holzbedarf war noch ständig gestiegen. Mit aufblühendem Bergbau- und Hüttenwesen, dem Hinauswachsen der Städte über die mittelalterlichen Befestigungsgürtel, zunehmendem Manufakturwesen – Porzellan, Leder, Tuche, Leinen, Seife, Glas und vieles mehr –, steigender Bevölkerungsdichte und steigenden Lebensansprüchen war der Holzbedarf ins Ungemessene gestiegen. Starkholz war längst knapp geworden, Eisenhütten und Salinen mussten immer weitere Transportwege für den Energielieferanten Holz in Kauf nehmen, in den Städten wurden altehrwürdige Bauten als Steinbruch genutzt – nicht aus Barbarei, wie man heute meint, sondern aus Holznot – es fehlte das Heizmaterial für die Ziegelbrennerei. Man kann diese allmähliche Verknappung des Holzes, insbesondere auch an Starkholz, aus dem man Balken machen konnte, noch heute recht gut nachvollziehen, wenn man die Bauten mittelalterlicher Fachwerk-Städte, die von Bränden verschont geblieben sind, aufmerksam betrachtet: In den Zentren, wo die Rathäuser und die ältesten Bürgerhäuser stehen, sind die tragenden Konstruktionen behauene Eichenbalken, die auf ganzer Länge gleichmäßige Durchmesser in einer enormen Stärke aufweisen. Je weiter man in die Peripherie kommt, die später bebaut wurde, desto dünner und kürzer werden die Balken. Das hängt nicht so sehr damit zusammen, dass sich der Reichtum und also auch der Aufwand für die Häuser im Stadtkern konzentriert hatte, sondern vor allem damit, dass es solches Starkholz einfach nicht mehr gab. Denn auch in diesen neueren Stadtteilen gibt es durchaus aufwendige, repräsentative Gebäude, aber das groß dimensionierte Holz fehlte eben. Das Zeitalter der „Großen Holznot“ war angebrochen und erreichte gegen Ende des 18. Jahrhunderts seinen Höhepunkt.

Der berühmte Nationalökonom Werner Sombart widmet in seinem monumentalen Werk „*Der moderne Kapitalismus*“ (1927) ein ganzes Kapitel der detaillierten Darstellung zunehmender wirtschaftlicher Einschränkungen, die durch Holzknappheit entstanden: Nach und nach mussten zahlreiche Eisenhütten schließen, vielerorts gab es eine Rationierung der Holzzuteilung, z.B. für die Glashütten, die Flößerei musste eingeschränkt werden, große, küstennahe Städte, wie Hamburg oder Amsterdam, die auf hölzernen Rammpfählen aufgebaut waren, konnten nicht weiter ausgedehnt werden und der Bergbau, der Grubenholz benötigte, geriet in eine Krise. Sombart schreibt, erst die „*Große Holznot*“ habe offensichtlich gemacht, dass die europäische Kultur buchstäblich auf Holz aufgebaut war, für die die Frage des Holzmangels „*vielleicht bedeutsamer war als die andere, die die Zeit bewegte: ob Napoleon Sieger bleiben werde oder die verbündeten europäischen Mächte. Es war die Frage nach dem Weiterbestande aller Gesittung*“ (S. 1153).

Journal

für das

Forst- und Jagdwesen.

Ersten Bandes erste Hälfte.

Leipzig, 1790.
Bey Siegfried Lebrecht Crusius.

Der Begriff der Nachhaltigkeit und die Folgen

In Deutschland war Sachsen von der Krise besonders schwer betroffen. Der Reichtum des Landes beruhte vor allem auf dem Vorkommen hochwertiger Erze, wobei das Silber an erster Stelle stand. Es wurde in einem hochentwickelten Bergbau gefördert und danach verhüttet, wofür man viel Holz brauchte, aber daran war das Land ursprünglich reich. Nunmehr wurde es auch dort knapp.

Sachsen war daher auf Grubenholz und auf Holzkohle für die Verhüttung existenziell angewiesen. Und so ist es kein Zufall, dass der sächsische Oberberghauptmann Carl von Carlowitz 1735 ein Prinzip für die Bewirtschaftung der Waldungen formulierte, das bis heute gültig geblieben ist und sich inzwischen – weit über die Forstwissenschaft hinaus – als allgemeine Maxime verantwortlichen wirtschaftlichen Handelns durchgesetzt hat. Carlowitz nannte seinen neuen Begriff das „Nachhaltsprinzip“. Es besagte in seinem Kern zunächst nichts anderes als ein Raubbauverbot: Es dürfe nicht mehr Holz genutzt werden als nachwachse.

Dies ist jedoch nicht einfach dadurch zu erzielen, dass man für jede eingeschlagene Waldfläche eine Neuanpflanzung anlegt, sondern es setzt voraus, dass in größeren zusammenhängenden Waldflächen ein ausgewogenes „Altersklassenverhältnis“ der Bestände herrschen muss: Erntereife Althölzer, reifende und angehende Baumhölzer, Stangenhölzer, Jungwüchse, „Dickungen“, und Neukulturen müssen in einem angemessenen Flächenverhältnis zueinander stehen und es darf jeweils nur so viel Holz entnommen werden, wie in der gesamten Bewirtschaftungseinheit wieder nachwächst. Maßeinheit hierfür ist der „Hiebssatz“, der das errechnete und sorgfältig ermittelte Zuwachspotential in Beziehung zu einer schadensfreien Nutzung setzt, eben zur Möglichkeit einer „nachhaltigen“ Bewirtschaftung.

Es mag erstaunen, dass ein Oberberghauptmann und nicht ein Forstmann diesen Gedanken zum Durchbruch verholfen hat. Aber in Sachsen war bei der Bedeutung, die der Bergbau und insbesondere das Silber für den Wohlstand des Landes und des Kurfürsten hatte, der Bergbauchef so etwas wie ein Superminister. Denn neben dem Bergbau- und Hüttenwesen unterstanden ihm gleichzeitig alle forstlichen Belange, die wiederum in eine für die damalige Zeit aufschlussreiche Hierarchie einzuordnen waren. Karl Adam Heinrich von Bose hat, aufbauend auf ein vorangegangenes Werk von Friedrich Gottlob Leonardi, 1807 ein „Neues allgemein praktisches Wörterbuch der Forstwißenschaft für Forstmänner, Jäger, Jagdliebhaber, Fischer und Gutsbesitzer etc.“ herausgegeben. Das in Leipzig erschienene Buch, das eine Fundgrube für die frühe Forstwissenschaft ist,

Abb. links: Titelblatt der ersten forstwissenschaftlichen Zeitschrift, Leipzig 1790. Der Schwerpunkt liegt nun auf dem Aufbau neuer Waldbestände im Sinne der Nachhaltigkeit.

stellt die Verhältnisse deutlich dar: „*Der Oberjägermeister, Oberlandjägermeister, ist das Haupt der sämmtlichen Jägerey und des Forstwesens eines ganzen Landes, unter welchem alle höhere und niedere Forstbeamte und Forstbediente, des ganzen Landes stehen*“. Er seinerseits, der „Oberlandjägermeister“, unterstand der Bergbauverwaltung. Dann erst und unter ihm kam der „*Oberforstmeister, einer der vornehmsten Forstbeamten, die in Chursachsen allzeit von Adel und zugleich Wildmeister, nicht weniger auch Kammer- und Jagdjunker, und bisweilen Kammerherr ist*“. Oberförster konnte man dann schon als Bürgerlicher werden; man unterstand damit dem Oberforstmeister und war Vorgesetzter der Förster und „Hegereuter“.

An dieser Rangordnung bleibt die Abstufung interessant. Offenbar wurde die Forstwirtschaft in erster Linie als Zulieferungsunternehmen für den Bergbau verstanden. Aber über ihr rangierte unter den feudalistischen Prioritäten noch das Jagdwesen. Mit anderen Worten: Der Wald hatte dem Bergbau und der höfischen Jagdleidenschaft zu dienen.

Umso bemerkenswerter war es, dass Carlowitz das Zukunftsdenken für die Forstwirtschaft in den Mittelpunkt seiner Überlegungen stellte. Dabei war die langfristige Orientierung zwangsläufig durch die Produktionszeiträume des Rohstoffes Holz vorgegeben. Brauchbares Grubenholz braucht mindestens 60 bis 80 Jahre, Bau- und Sägeholz rund 120 Jahre, hochwertiges Buchenholz muss 160 Jahre alt werden und Wertholzeichen für Furniere dürfen gern ein paar hundert Jahre alt sein. Da kommt man mit Kurzatmigkeit nicht weit, und genau dieses notwendige Denken in Generationen hat dem Nachhaltigkeitsprinzip zu seiner prägenden Bedeutung verholfen.

Man kann nicht sagen, dass Carlowitz den neuen Begriff ohne vorauslaufende geistige Strömungen definiert habe. Es gab alte „Forstordnungen“, die einen sparsamen, schonenden und auf Dauer angelegten Umgang mit der Ressource Wald zu regulieren versuchten. So bestand in „Chursachsen“ bereits eine Forstordnung vom 8. September 1560, die z.T. sehr einschneidende Restriktionen für die Holznutzung vorsah. Noch weiter geht deren Fortschreibung von 1697, die unter anderem anordnete, dass Köhler, „Hammerwerksbesitzer“ und Flösser nur noch Holz schlagen dürften, das ihnen von einem „geschworenen Einschläger“, also einer Art vereidigtem Sachverständigen, oder einem „Forstbedienten“ zugewiesen wird. Und schließlich wurde 1767 eine „Oberlausitzer Forstordnung“ erlassen. Sie behandelt 1.) die pflegliche Nutzung des vorhandenen Holzes 2.) die Abwendung des Schadens bei vorhandenen Holzungen 3.) den Anbau neuer Holzungen 4.) „*Mittel das Holz überhaupt in Bau und Feuerungen zu ersparen und damit dem einreißenden Mangel vorzubeugen.*“

Die „Große Holznot" zeigte Wirkungen und das Carlowitz'sche „Nachhaltigkeitsprinzip" begann sich durchzusetzen. „Die forstliche Keimruhe dauert lange." Diese unter Forstleuten noch heute kursierende selbstironische Einschätzung bewahrheitete sich jedenfalls auch in Bezug auf die Umsetzung des Carlowitz'schen Konzepts. Aber um die Wende vom 18. zum 19. Jahrhundert war es soweit. Die Nachhaltigkeit in der Forstwirtschaft wurde zum Schlüsselbegriff, es entstanden forstliche Lehrstätten, zuerst in der Form von „Meisterschulen", dann Forstakademien oder akademische Lehrstätten, so in Tharandt in Sachsen, in Eberswalde bei Berlin, in Hannoversch-Münden, in Tübingen, Karlsruhe, Freiburg/Brsg. und München. Es wurden Waldbausysteme entwickelt, die dem Nachhaltigkeitsgedanken folgten, Verfahren zu „Taxation" der Wälder ausgearbeitet, mit denen man Holzvorrat und Zuwachs und mithin „Hiebssätze" errechnen konnte – es entstand eine blühende angewandte Wissenschaft. Mehr noch: Das Prinzip der Nachhaltigkeit wurde geradezu zum Berufsethos der Forstleute, oder, wie es formuliert worden ist, zum „hippokratischen Eid der Förster." Wer dagegen verstößt und „seinen" Wald plündert, ist disqualifiziert.

Das ist wirtschaftlich gesehen ein sehr bemerkenswerter Wendepunkt. Wir sind mitten im 19. Jahrhundert. Zieht man die Parallele zu anderen Wirtschaftszweigen, wie im agrarischen Bereich der Baumwolle oder dem Kautschuk und dem hier völlig fehlenden Sinn für Ressourcenschonung – zu schweigen von anderen Sektoren der Kolonialwirtschaft und vielen Ausprägungen des Industriezeitalters –, so wird der Kontrast deutlich.

Wirtschaft bewegte sich in dieser Zeit in einem weitgehend ethikfreien Raum. Mit dem Generationenvertrag der Forstwirtschaft und dem Nachhaltigkeitsprinzip entstand nun erstmals ein wirtschaftsethischer Begriff, der zur Leitlinie eines ganzen Produktionszweiges wurde.

Einschränkend ist dennoch anzumerken: Das Prinzip war nicht eigentlich neu, sondern im Gegenteil uralt. Die ganze bäuerliche Wirtschaft und Tradition beruht darauf, dass jeder Bauer bestrebt ist, seinem Erben den Hof und die Felder in mindestens ebenso gutem Zustand zu übergeben, wie er ihn von seinen Vätern übernommen hat. Das ist nicht als Grundsatz formuliert worden, sondern verstand sich von jeher von selbst. Es bedurfte keines Gedankengebäudes und keiner Wirtschaftstheorie, um die Bauern davon zu überzeugen, dass sie sich so verhalten müssten, wie sie es ohnehin schon immer taten. Fernerhin: Der Nachhaltsbegriff von Carlowitz war zunächst rein produktionstechnisch gedacht und sollte eine möglichst gleichmäßige, dauerhafte Holzversorgung sicherstellen.

Mit der Weiterentwicklung der Forstwissenschaft wurden darüber hinausgehende Gesichtspunkte in das Grundprinzip einbezogen. Ein ausschließlich der

Bedarfsdeckung mit Holz dienendes System barg die Gefahr einer einseitigen Bewirtschaftung: Schnell wachsende Nadelholzarten, wie die Fichte, waren geeignet, dem Mangel in überschaubaren Zeiträumen abzuhelfen. Damit gewannen die Nadelhölzer einen hohen Anteil am gesamten Waldareal. Da aber die Fichte auf vielen Standorten auf die Dauer zu Bodenveränderungen wie Versauerung, Wasserhaushaltsstörungen und Magnesiummangel führt, konnte sie keine „nachhaltige“ Lösung bringen. Auch ergaben sich Stabilitätsprobleme wegen der Anfälligkeit gegen Schadinsekten wie Borkenkäfer und Pilzinfektionen wie den Hallimasch oder durch Windwurf. So entwickelten sich weiterführende Konzeptionen unter Stichworten wie „Standortgerechter Waldbau“, „Dauerwald“, „Naturgemäße Forstwirtschaft“ bis hin zur Forderung nach „Ökologischer Nachhaltigkeit“.

Diese Sichtweise der neuesten Zeit begreift auch den Wirtschaftswald als Lebensraum für eine artenreiche Tier- und Pflanzenwelt, als klimarelevanten Faktor, als Regulator des Wasserhaushaltes, als Erosionsschutz und landschaftsökologisches Element. Dessen vielfältige Funktionen, bis hin zum Erholungsraum für Menschen, müssen dauerhaft erhalten und fortentwickelt werden.

Damit ist der Nachhaltigkeitsbegriff endgültig zu einer Maxime geworden, die die Lebensbedingungen künftiger Generationen in die Verantwortung der heutigen Waldbewirtschaftung stellt. Er ist also zum ethischen Postulat geworden. Das ist nicht ohne Ausstrahlung geblieben.

Zunächst aber stellte sich die Neuorientierung der Forstwirtschaft in Deutschland um die Wende vom 18. zum 19. Jahrhundert als erfolgreiches Konzept dar. Es muss eine richtige Aufbruchsstimmung geherrscht haben, denn allmählich wurde erlebbar, dass die devastierten, ausgeplünderten Waldflächen wieder einen Wald trugen, der diesen Namen verdiente. Dazu kam, dass der Steinkohlebergbau, der zwar auch Grubenholz benötigte, eine neue Energiequelle erschloss, der Wald also entscheidend entlastet wurde und dass, als Folge der Aufklärung, das Primat der feudalen Jagd über die forstwirtschaftlichen Belange in den Hintergrund treten musste.

Die deutsche Forstwissenschaft wurde zum Exportartikel. In Nord- und Westeuropa setzten sich die neuen Wirtschaftsmethoden durch, besonders in Frankreich, Skandinavien und Großbritannien. Ins Französische ließ sich „Nachhaltigkeit“ auch recht treffend mit „sustentation“ übersetzen, was soviel wie „Aufrechterhaltung“ oder auch – physikalisch – „Gleichgewichtserhaltung“ bedeutet. Als dann europäische Forstexperten in Nordamerika begannen, den dort noch üblichen Raubbau an den Ressourcen durch eine systematische Forstwirtschaft zu ersetzen, wurde dort aus der „sustentation“ die „sustainability“, ein Wort, mit dem die Angelsachsen alles mögliche andere verbinden als den Nachhaltigkeitsgedanken. „Sustainable" bedeutet etwa: „erträglich", „tragbar". Das Wort blieb dort ein forstlicher Spezialbegriff, der sich aber inhaltlich nach und nach durchsetzte. Der Begriff erfuhr eine Bedeutungserweiterung, nicht nur sprachlich, sondern auch wirtschaftspolitisch.

Als sich in den letzten Jahrzehnten das Bewusstsein dafür schärfte, dass Raubbau und Ressourcenverbrauch auch Phänomene sind, die die Umweltbedingungen für den Menschen bedrohen, stand man vor einer neuen Dimension. Es musste gelingen, industrielle Produktivität und wirtschaftliche Prosperität in ein System einzubinden, das mit der Regenerationsfähigkeit der natürlichen Ressourcen zu vereinbaren ist, zu denen auch die Umweltressourcen Luft, Wasser und Boden gehören. Das lässt sich nicht nur durch Restriktionen, Einschränkungen und Auflagen herbeiführen, sondern bedarf eines Wechsels in den Zielvorstellungen.

Diese Zusammenhänge wurden unter anderem auf der Welt-Klimakonferenz 1987 in Hamburg erörtert, bei der auch die Frage gestellt wurde, ob man nicht prüfen solle, wie das seit 200 Jahren bewährte Nachhaltigkeitsprinzip der Forstwirtschaft auf andere Wirtschaftszweige anwendbar sei. Da die Kongresssprache englisch war, blieb nichts anderes übrig, als von „sustainability" zu sprechen. Aber eines der wichtigsten Ergebnisse der UN-Umweltkonferenz 1992 in Rio de Janeiro war die Unterzeichnung einer Internationalen Konvention, in der das Prinzip der „sustainability" als umweltpolitische Leitlinie vereinbart wurde. Sie wird hier verstanden *„als die Vor- und Fürsorge für die belebte und unbelebte Natur, für die bestehenden Ökosysteme und natürlichen Ressourcen in der Gegenwart und im Hinblick auf kommende Generationen"*.

In dieser umfassenden Weise ist noch nie zuvor ein ethischer Gesichtspunkt Gegenstand einer weltweit verbindlichen Vereinbarung geworden. Die Übersetzungsdienste und Medien taten sich schwer mit der Rückübersetzung des für sie neuen Begriffs der Nachhaltigkeit ins Deutsche. Es kamen einige kuriose Wortbildungen dabei heraus. Aber die deutschen Forstleute waren auf dem Posten und wiesen voller Stolz darauf hin, dass ihre berufsethische Basis nunmehr weltweit zur wirtschaftlichen Leitlinie erhoben worden war. Auch hier war die Zeit der forstlichen Keimruhe lang. Aber schließlich war doch ein gesunder Trieb dabei heraus gekommen, mit der hoffentlich guten Chance, dass er zu einem kräftigen Baum heranwächst.

Ernten werden Geschichte machen

F
A
O
FIAT PANIS

Das Spannungsfeld zwischen Mangel und Überfluss

Mangel und Überschuss an Erntegütern sind stets bestimmende Faktoren für geschichtliche Abläufe gewesen. Die Vielfalt der historischen Beispiele spricht dabei eine Fülle von Einzelursachen an, die sich jedoch bei genauer Betrachtung auf eine relativ begrenzte Zahl von Grundelementen zurückführen lassen. Sie sind

- demographisch,
- soziologisch,
- meteorologisch/klimatologisch,
- phytopathologisch,
- agrartechnisch,
- medizinisch,
- ökologisch und
- politisch bedingt.

Alle diese Komponenten sind untereinander verflochten und bilden nicht nur ein hoch komplexes System, sie unterliegen vielmehr der „fundamentalen Komplexität". Wissenschaftstheoretisch sind solche Systeme zwar im Nachhinein weitgehend analysierbar, aber sind in ihrer zukünftigen Entwicklung prinzipiell nicht prognostizierbar (Friedrich Cramer, 1988).

Man kann nur versuchen, den gegenwärtigen Zustand zu klären und damit freizulegen, was für zukünftige Entwicklungen maßgebend sein könnte. Aber es liegt jenseits jeder Kalkulierbarkeit, einzuschätzen, welche Rolle die Ernährungssicherung für den geschichtlichen Verlauf spielen wird. Sicher gibt es Wahrscheinlichkeiten, auf die man hinweisen kann. Aber der Faktor „Unwahrscheinlichkeit" ist schon oft unterschätzt worden.

Für die Bedeutung der Grundbedürfnisse der Menschen als Bestimmungsgröße gilt jedenfalls weiterhin die präzise Formulierung von Friedrich Schiller, der „Philosophie" mit „Vernunft" oder „Rationalität" gleichgesetzt hat:

„Solange nicht den Gang der Welt
Philosophie zusammenhält,
erhält sich das Getriebe
Durch Hunger und durch Liebe."

Abb. links: Signum der Food and Agriculture Organization der Vereinten Nationen: „*Fiat Panis*", „Es werde Brot"

Die historischen Beispiele belegen, dass der demographische Faktor steigender Bevölkerungsdichten oft neue Entwicklungen angestoßen hat. Ein solcher Überdruck entsteht immer dann, wenn die Geburtenraten die Überlebensraten übersteigen und die vorhandene landwirtschaftliche Fläche dann nicht mehr ausreicht, die wachsende Anzahl von Menschen zu ernähren, wenn also, wie die hübsche Formel heißt „der Storch schneller ist als der Pflug".

Die Gründe dafür können vielfältig sein: Medizinischer Fortschritt senkt die Säuglings- und Kindersterblichkeit, wirkt Seuchen entgegen und verlängert die Lebenserwartung. Das kann ein Zeichen von steigendem Wohlstand und Fortschritt sein, mit dem fast regelmäßig ein Entwicklungsschub der agrarischen Leistungsfähigkeit, besonders der Agrartechnik, verbunden ist.

Aber in vielen Ländern sind die Möglichkeiten der Gesundheitsförderung – in der Vergangenheit und wohl z.T. auch heute – ein Importartikel, während die Landwirtschaft in traditionellen, heimischen Anbaumethoden stecken blieb. Mit der Folge von Hunger, gegen den weder Impfungen noch Medikamente helfen.

Im allgemeinen gilt aber auch: Je größer die Armut und je geringer die Lebenserwartung, desto höher die Reproduktionsrate.

Einen einfachen Nenner zu finden, ist schwierig. Erhöhter Übervölkerungsdruck, immer verstanden als Missverhältnis zwischen Nahrungsmittelproduktion und Anzahl der Menschen, die versorgt werden müssen, hat oft zu Migrationen geführt. Das konnten „Völkerwanderungen" sein, also der Zug ganzer Stämme in neue oder erhoffte Siedlungsgebiete, oder regionale Ausweichbewegungen, etwa das Verlassen von versumpfenden, malariabedrohten Landstrichen, von verkarstenden Bergdörfern oder verarmenden Heidegebieten. Solche Bewegungen umfassten mehr oder weniger Gemeinschaften oder Kollektive.

Migration als Folge von Mangel hat aber auch soziologisch-selektiv stattgefunden, besonders in Form der Auswanderungswellen. Wenn die heimischen Höfe die Sippe nicht mehr ernähren konnten, mussten die weichenden Erben bürgerliche oder geistliche Berufe ergreifen – oder sie wanderten aus. Mit den sich erschließenden überseeischen Kontinenten gab es ein fast unbegrenztes Aufnahmepotential. Es stand genug Land zur Verfügung, aber es galt, enorme Risiken zu überwinden, ehe man es wirklich bewirtschaften konnte.

Die Frage der Risiko- und Abenteuerbereitschaft stellte sich nicht für solche Emigranten, die das alte Europa aus nackter Not verlassen mussten. Das bekannteste, aber keineswegs einzige Beispiel bietet die Massenauswanderung der Iren nach Nordamerika nach der verheerenden Epidemie der Kartoffelfäule. Sie war die Folge einer phytopathologischen, also durch eine Pflanzenkrankheit bedingten Pflanzenseuche, die gleichzeitig durch sehr außergewöhnliche Witterungskonstellationen begünstigt worden war. Und wiederum spielt die soziologische Komponente eine wesentliche Rolle: Es traf die armen Pächter, die ihrer Ernährungsbasis beraubt waren. Für die „landlords", die in England saßen, war dies aber immerhin ein entscheidendes Lehrstück: Die Überlegung, dass die Abhängigkeit von Grundnahrungsmitteln aus heimischer Produktion den politischen Spielraum auf die Dauer einengen könnte, führte über die Lockerung des „Corn Law" dazu, dass Parlament und Regierung in Großbritannien begannen, Zölle abzubauen und den Freihandel einzuführen – eine Entscheidung von großer Tragweite.

Das Ineinandergreifen, die Verflochtenheit, die Vernetzung, die Komplexität der verschiedenen, geschichtswirksamen Komponenten lässt sich an vielen weiteren Beispielen darstellen, von denen die ökologischen in neuerer Zeit immer mehr ins Blickfeld rücken. Man denke an die Erosionsproblematik in Amerika oder die Nachhaltigkeitsproblematik, die es im Zusammenhang mit manchen Nutzungspraktiken nach wie vor gibt. Die politische Komponente wird wahrscheinlich in Zukunft noch mehr in den Vordergrund treten, wie das Beispiel des Weizens als Machtinstrument zeigt. Auch die Abschottung großer Märkte und die staatliche Stützung der Binnenproduktion durch Subventionen gehört in diesen Bereich. Die Agrarpolitik der Europäischen Union wirft hier große Probleme auf.

Versucht man vor dem Hintergrund der historischen Erfahrungen eine Analyse der heutigen Situation, so ergibt sich ein Faktenbestand, der durch eine weit auseinander klaffende Schere von Überfluss und Mangel gekennzeichnet ist.

Ist die „Bevölkerungsexplosion" ein Katastrophenszenario?

Die ständig wiederholte sehr ernste und doch oftmals sehr vereinfacht vorgetragene These lautet, dass die „Tragfähigkeit" unseres Planeten der steigenden Anzahl von Menschen nicht gewachsen sei.

In der Tat sind die Zahlen atemberaubend. Nach ziemlich zuverlässigen Schätzungen betrug die Anzahl der Menschen auf der ganzen Welt:

- 1830 1 Milliarde
- 1930 2 Milliarden
- 1960 3 Milliarden
- 1980 4 Milliarden
- 2000 6 Milliarden
- 2005 6,5 Milliarden

Nach den demographischen Voraussagen müssen im Jahre 2050 etwa 9 Mrd. Menschen ernährt werden.

Von den heute Lebenden leidet ein Anteil von etwa 1 Mrd. an Hunger und Elend, über 3 Mrd. leben am Rande des Existenzminimums. Dem restlichen Drittel geht es gut und sehr gut, bis hin zum Problem der „Überflussgesellschaft".

Es ergeben sich zwei Fragen:

1) Hält der in fast geometrischer Progression verlaufende Anstieg der Weltbevölkerung zwangsläufig an, oder wird in abschätzbarer Zeit ein Plateauwert erreicht, der vielleicht bei 10 bis 12 Mrd. Menschen liegt?
2) Wenn es eine relative Stabilisierung auf diesem Niveau gibt: Kann man eine so große Zahl von Menschen ernähren?

Sicher ist, dass bei ungehemmt fortschreitendem Populationsdruck irgendwann und irgendwie ein Kollaps eintreten muss, von dem nicht prognostizierbar ist, wie er sich abspielen wird. Die Hoffnungen richten sich darauf, dass die skizzierten Entwicklungen nicht zwangsläufig sind, sondern dass es möglich ist, eine Überlebensstrategie zu finden.

Die wichtigste Voraussetzung dafür ist, dass das verfügbare Wissen schon jetzt ausreicht, nicht nur ein „Krisenmanagement" zu entwickeln – das wäre viel zu wenig –, sondern kraftvoll und konzentriert den bedrohlichen Ursachenkomplex zu durchbrechen.

Abb. links: Arm und reich: Favelas am Rande der Millionenstadt Sao Paolo

Die Voraussetzungen sind:

- Es muss sich die Erkenntnis durchsetzen, dass das Problem nicht primär der Anstieg der Bevölkerungsdichte ist. Sie ist ein Resultat, nicht die Ursache. Entscheidend ist das unglaubliche Wohlstandsgefälle, das die Welt dominiert. Wohlstand senkt die Geburtenrate, Existenzangst steigert sie.
- Dem Erkenntnisstand und den Entwicklungsmöglichkeiten der Agrarwissenschaften muss zum allgemeinen Durchbruch verholfen werden. Sie sind den Herausforderungen gewachsen, auch eine auf 10 oder 12 Mrd. angewachsene Weltbevölkerung zu ernähren, wenn sich das vorhandene Potential entfalten kann.

Beide Thesen bedürfen der Erläuterung. Sie sind in sich wiederum so komplex und vielschichtig, dass Detailprognosen nicht möglich sind.

Aber ganz sicher ist: Wenn sich die hoch entwickelten Länder der nördlichen Hemisphäre dieser zentralen Themen nicht annehmen, dann verhalten sie sich so, wie der französische Adel am Vorabend der Revolution von 1789 und spielen dessen Schäferspiele, ob nun Rentensysteme, Gesundheitspolitik oder die Frage um 18 Arbeitsminuten pro Woche die Melodie für die Quadrille angeben. Die Guillotine wartet. Denn niemand kann wohl glauben, dass zwei Drittel aller Menschen, die um die nackte Existenz ringen, sich auf die Dauer mit der Arroganz der Macht einer privilegierten, die Welt dominierenden Schicht abfinden werden. Alle Machtmittel werden nicht ausreichen, um der programmierten Zwangsläufigkeit zu begegnen.

Die Ursachen des großen Wohlstandsgefälles sind vielfältig und durchaus keine unausweichliche Folge der Bevölkerungsdichte.

Joachim von Braun, wohl einer der besten Kenner der globalen Ernährungssituation, hat in seinem Eröffnungsvortrag zur EXPO 2000 in Molfsee bei Kiel darauf hingewiesen, dass die Ursachen für Hungersnöte im 20. und 21. Jahrhundert überwiegend politisch und dabei vor allem durch menschenverachtende Ideologien bedingt waren und sind. In Russland und der Ukraine sind in den 20er und 30er Jahren des vorigen Jahrhunderts als Folge der Zwangskollektivierung der Landwirtschaft, der Zerschlagung des privaten Grundbesitzes und der stalinistischen „Säuberungen", der ein großer Teil der fachlich kompetenten Führungskräfte zum Opfer gefallen sind, 10 bis 15 Millionen Menschen buchstäblich an Hunger gestorben.

Die chinesische „Kulturrevolution" von 1959 bis 1961, die ähnliche Ziele verfolgte, hatte über 25 Millionen Hungertote zur Folge. In Äthiopien sind 1983/84 wegen interner, ideologisch bedingter Machtkämpfe über eine Million Menschen durch Hunger umgekommen. In Nordkorea wird wegen ideologischer Abschottung seit etwa 1997 gehungert. Die Zahl der Opfer wird von den Vereinten Nationen auf über drei bis vier Millionen Menschen geschätzt.

Alle diese Beispiele haben primär nichts mit dem Übervölkerungsproblem zu tun, und das gilt bis zu einem gewissen Grade wohl auch dafür, dass zwischenstaatliche Kriege, deren es noch genug gibt, in neuester Zeit keine strukturellen Hungerprobleme mehr ausgelöst haben. Dafür nehmen innerstaatliche Kriege und Machtkämpfe zu, und sie haben fast immer verheerende Auswirkungen auf die Ernährungslage der Bevölkerung. Beispiele bieten Somalia, Angola, der Kongo, Sudan und einige südostasiatische Länder.

Die enge Verflochtenheit zwischen politischen Voraussetzungen, soziologischen Schieflagen, agrartechnischen Möglichkeiten und fast mutwillig herbeigeführten Ernteverlusten ist bei diesen innerstaatlichen Fehden schmerzhaft greifbar. Geradezu exemplarisch hierfür ist, dass das über Jahrtausende als schicksalhaft erfahrene Heuschreckenproblem (vgl. S. 41 ff.) heute von internationalen Organisationen bei genauer Kenntnis der biologischen Abläufe, Nutzung der Beobachtungsmöglichkeiten durch Satelliten und Flugzeugstaffeln sowie die Anwendung von ökologisch sauberen Bekämpfungsmethoden absolut beherrschbar wäre. Aber die Machthaber in den Krisengebieten lassen die Fachleute der Vereinten Nationen nicht ins Land, da ja Beobachtungsflugzeuge der Vereinten Nationen die Lufthoheit verletzen würden. Und außerdem macht es ja ohnehin nicht viel aus, wenn die Heuschrecken die Ernten auffressen. Denn die Bevölkerung, die sonst das Land bewirtschaftet hat, ist auf der Flucht. Wer noch in den unsäglichen Lagern ankommt, stirbt entweder an Hunger und Durst, oder es kommen ab und zu irgendwelche Reitermilizen vorbei, um ein Gemetzel zu veranstalten.

Man muss das ansprechen, denn es hat mit dem Zusammenhang zwischen Ernteverlusten und Geschichte zu tun: Eine vertriebene Bevölkerung kann ihr Land nicht bewirtschaften; was auf den verlassenen Flächen noch wächst, fressen die Heuschrecken auf, deren Massenvermehrung beherrschbar wäre, wenn es nicht politisch verhindert würde und – nicht zu vergessen – die Arbeitskraft, die Begabungen, der Fortschrittswille ganzer Bevölkerungen werden ausgelöscht. Das Beispiel steht leider für sehr viele andere.

Die Grenze zwischen Überfluss und Mangel richtet sich heute immer weniger nach Regionen. Sie geht vielmehr mitten durch viele Länder hindurch und wird mehr und mehr ein soziologisches, wirtschaftliches und politisches Problem. Deshalb sind die immer wieder veröffentlichten Kartendarstellungen, die den „Hungergürtel“ der Erde wiedergeben, teilweise irreführend, denn das „Wohlstandsgefälle“ in vielen Ländern der „Dritten Welt“ ist heute ungleich viel größer als das in den Industrieländern und beruht nicht in erster Linie auf Mangel an Nahrungsmitteln. Denn die Welternte kann heute nach Quantität und Qualität der Nachfrage angepasst werden.

Aber Nachfrage und Bedarf sind zweierlei. Die wirtschaftliche Grundregel, dass Angebot und Nachfrage den Preis regulieren, bezieht sich ja auf die Kaufkraftnachfrage. Und der Naturalbedarf ist bei Nahrungsmitteln um ein Vielfaches höher als die Kaufkraftnachfrage. Kurz gefasst: Hunger ist heute nicht ein Problem des Nahrungsmittelmangels, sondern ein Armutsproblem.

Die Nahrungsmittelproduktion und insbesondere die moderne Agrarwirtschaft könnten die Weltbevölkerung jetzt und in der mittleren Zukunft (wahrscheinlich auch darüber hinaus) ausreichend ernähren. Das kann auf die Dauer nicht durch Spenden und Hilfslieferungen geleistet werden, sondern nur dadurch, dass Armut durch Kaufkraft ersetzt wird.

Die zentrale globalpolitische Herausforderung ist deshalb die, den in vielen Festreden oft wiederholten Forderungen nach mehr Frieden, Gerechtigkeit und Solidarität zum Durchbruch zu verhelfen, und zwar in entschlossenem politischen Handeln.

Die Umsetzung dieser Forderung ist allein deswegen überlebensnotwendig, weil nur ein steigender Wohlstand dazu führen kann, ein unbegrenztes Wachstum der Weltbevölkerung aufzuhalten. Alle demographischen Erfahrungen zeigen, dass die Vermehrungsrate immer dann sinkt, wenn der Lebensstandard steigt. Viele europäische Länder – wie Deutschland – bieten mit ihren rückläufigen Geburtenziffern und sinkender Bevölkerung Extrembeispiele. Es lässt sich eindeutig nachweisen, dass überall auf der Welt mit Beginn des Industriezeitalters und mit dem Prosperieren der Volkswirtschaften Geburten- und Sterberaten in einem durch mehrere Phasen gehenden Prozess stets zu einer Stabilisierung des Bevölkerungswachstums geführt haben. Das hängt – neben vielen anderen Gründen – auch mit der tragenden Funktion der Sippe zusammen, die in ursprünglichen Wirtschaftssystemen für die soziale Absicherung des Einzelnen sorgte. Eine zahlreiche Nachkommenschaft war die einzige und beste Garantie für die Versorgung bei Invalidität oder im Alter. Und da die Säuglings- und Kindersterblichkeit groß und die Lebenserwartung gering war, war eine hohe Reproduktionsrate erforderlich, die Bevölkerungsziffer blieb stabil.

Reduziert sich die Bedeutung der Sippe als Erwerbsgemeinschaft und damit als Sozialversicherung, dann ändern sich alle Voraussetzungen. Die Frage lautet dann nicht mehr: „*Wie viele Kinder brauche ich, um versorgt zu sein?*“ sondern: „*Wie viele Kinder kann ich versorgen?*“ Und eben dies ist eine Frage des Wohlstands.

Die schmerzhafte, damit zusammenhängende Umstrukturierung hat sich in Europa in der zweiten Hälfte des 20. Jahrhunderts vollzogen. Seither ist sie, im

Sinne einer Stabilisierung des Bevölkerungszuwachses, in ganz Osteuropa zu beobachten. Wichtiger noch: In China sind die zunächst drastischen, diktatorisch verordneten Maßnahmen zur Senkung der Geburtenziffern zwar wirksam gewesen, aber nun sinkt dort wegen steigendem allgemeinen Wohlstands die Vermehrungsrate von selbst. In Indien, einem der bevölkerungsreichsten Länder der Erde, zeichnet sich die gleiche Tendenz ab. Das hat schon der bedeutende frühere indische Ministerpräsident Pandit Nehru vorausgesagt. Sein Votum war: *„Mit jedem Dorf, das wir elektrifizieren, setzen wir die Geburtenrate herab"*.

Das ist oft hämisch und mit plattem sexuellen Hintergrund zitiert worden. Im Urtext hat Nehru gesagt: *„In der Dunkelheit entsteht Urangst. Dann rücken Menschen zusammen. Das ergibt Kinder. Aber Elektrifizierung bedeutet auch Handwerksbetriebe, Maschinen, Kühlschränke. Die lebende Generation wird freier."*

Und so muss man es wohl sehen. Eine begründete, optimistische Prognose kann also lauten: Ein Plateauwert von 10 bis 12 Milliarden Menschen – vielleicht sogar darunter – könnte sich stabilisieren.

Voraussetzung dafür ist weniger Armut, das heißt mehr Kaufkraft. Wenn diese vorhanden ist, ist – wiederum unter bestimmten Voraussetzungen – die Voraussage zulässig, dass die Agrarwirtschaft mit ihrem hohen Wissensstand, ihrer fortschreitenden Technologie und ihrem Potential an Möglichkeiten nachhaltiger Landbewirtschaftung fähig ist, diese Nachfrage zu befriedigen. Hierzu ist es erforderlich, dass sie gefördert und nicht durch Überregulierung eingeengt wird. Die Perspektiven, die sich ergeben, sind faszinierend. Die Pflanzenzüchtung, einschließlich einer verantworteten Gentechnologie, ein ausgewogener Pflanzenschutz, den jeweiligen standörtlichen Verhältnissen angepasste Pflanzenbaukonzepte, eine Landtechnik, die sich mehr und mehr moderner Informationskonzepte bedient, entwickeln einen Leistungsstandard, der den Herausforderungen gewachsen ist. Allerdings kann dies alles nicht als eine Exportware der entwickelten Länder in die „Dritte Welt" aufgefasst werden. Ohne Wissenstransfer geht es nicht. Der aber ist nur möglich, wenn in den betroffenen Ländern eine Generation heranwächst, die vor Ort umsetzen kann, was erforderlich ist, um neue, den regionalen Bedürfnissen angepasste Methoden zur Wirkung zu bringen.

Damit wird die Bildungsfrage zum Schlüsselproblem. Man braucht den Begriff nicht zu hoch anzusiedeln. Es handelt sich in erster Linie um gute Ausbildung. Sie fängt damit an, dass die Kinder das Lesen und das Schreiben erlernen müssen, dass die Erwachsenen dann technische Fertigkeiten in Handwerksberufen erwerben, dass sie agrarische Aus- und Fortbildungen auf allen Ebenen erfahren und sich dies in einem Umfeld abspielt, in dem es friedlich und sozial einigermaßen gerecht zugeht.

Unter solchen Voraussetzungen bestünde hinsichtlich der Frage, welchen Einfluss die Ernten auf kommende Entwicklungen haben werden, kein Anlass zur Zukunftsangst. Allerdings: Solange wir ein weltpolitisches Zentralproblem wie ein Randproblem behandeln, stehen die Chancen für das kommende Jahrhundert nicht gut.

Danksagungen

Ich habe viel Hilfe und Nachhilfe erfahren. Zwar habe ich seit mehr als fünfzig Jahren Material für die Bearbeitung dieses Themas gesammelt, das ich in einzelnen Veröffentlichungen und Vorträgen verwendet habe, ich hatte aber nie vor, ein Buch daraus zu machen.

So danke ich zuerst Herrn Prof. Dr. Joseph Alexander Verreet, Universität Kiel. Er hat mir seit Jahren gut zugeredet, mich in geschickter, liebenswürdiger und bestimmter Art motiviert und schließlich in einer „konzertierten Aktion“ mit einigen Fachkollegen dazu gebracht, dass ich mich an den Schreibtisch und noch einmal an das Quellenstudium gesetzt habe. Er ist mitverantwortlich – freilich nicht für den Inhalt. Für den stehe ich alleine gerade.

Meine kundige und vertrauteste Kollegin hat mit ihrer Berufserfahrung als wissenschaftliche Herausgeberin und Redakteurin seit über vierzig Jahren alle meine Manuskripte betreut und auch an diesem Buch einen wesentlichen Anteil: Meine Frau, Dr. Maria Cramer-Middendorf. Ohne sie wäre das Buch nie entstanden. Sie hat auch einen ungeduldigen Autor, wenn nötig, mit den Realitäten versöhnt, ihn ermuntert, kritisch begleitet, seine Monologe angehört, Entwürfe angesehen, viele Manuskripte gegengelesen und ihm Alltagsverrichtungen abgenommen. Ich danke ihr sehr.

Kritische Begleitung, viele Anregungen und wichtige Hinweise verdanke ich meinem Bruder, Prof. Dr. Thomas Cramer, Germanist und Mediaevist an der TU Berlin und der Altphilologin und Kunsthistorikerin Frau Prof. Dr. Jutta Seyfarth, Köln, meiner Cousine. Beide haben das Manuskript im Entstehen Kapitel für Kapitel begleitet, es sind viele Telefongespräche und Briefe hin und her gegangen. Das ergab eine vielfältige Bereicherung.

Sehr herzlich danke ich Frau Prof. Dr. Annetta Manuelides-Chitzanidis, früher Direktorin des Benaki-Instituts, Athen, für manche wichtige Hinweise zur griechischen Antike und zu phytopathologischen Fragen, besonders hinsichtlich der Aufhebung des „Corn Law“, die als Folge der irischen Kartoffelfäule den Freihandel mit Agrarprodukten eröffnete.

Herr Prof. Dr. Jürgen Kranz, Gießen, der ein ähnliches Buch geplant hatte, hat mir fair und freundschaftlich den Vortritt gelassen. Dafür und für kritische Kommentare und Anregungen danke ich ihm herzlich. Herr Prof. Dr. Hans Scheinpflug, Leverkusen, hat ein stets lebendiges Interesse an meiner Arbeit genommen, mit seiner Frau die Manuskripte kritisch gegengelesen und mir mit großen Engagement geholfen. Vielen Dank!

Sehr herzlich danke ich dem Verlag für sein Entgegenkommen, das Eingehen auf alle meine Wünsche und die Ergänzung meines Bildmaterials.

Nicht zuletzt gilt mein Dank aber Frau MSc Nina Scheider vom Institut für Phytopathologie der Christian-Albrechts Universität zu Kiel. Sie hat sich der mühevollen Arbeit unterzogen, mein handschriftliches Manuskript in eine druckfähige Fassung zu bringen und hat damit eine Brücke von alten Schreibgebräuchen zur Gegenwart geschlagen.

Köln, Februar 2007

Hans-Hermann Cramer †

Hinweise auf benutzte und weiterführende Literatur

ANONYM (1859): Reports by Her Majesty`s Secretaries of Embassy and Legation on the effect of the vine disease on the commeree of the countries in which they reside, London, Harrison and sons. 172 S.

BARY, A. de (1853): Untersuchungen über die Brandpilze und die durch sie verursachten Krankheiten der Pflanzen mit Rücksicht auf das Getreide und andere Nutzpflanzen. Berlin

BARY, A. de (1861): Die gegenwärtig herrschende Kartoffelkrankheit, ihre Ursachen und ihre Verhütung. Leipzig

BITTERMANN, E. (1956): Die landwirtschaftliche Produktion in Deutschland 1800–1950. Kühn-Archiv 70, Halle/Saale, 149 S.

BOSE, K.A.H. von, und LEONHARD, F.G. (1807): Neues allgemein praktisches Wörterbuch der Forstwißenschaft für Forstmänner, Jäger, Jagdliebhaber, Fischer und Gutsbesitzer etc. Leipzig, 314 S.

BRAUN, H. (1965): Geschichte der Phytomedizin. Berlin und Hamburg, 140 S.

BRAUN, J. von (1999): Den Hunger mit Forschung und Technologie bekämpfen? Vortrag auf der Eröffnungsfeier des EXPO-Projektes „Sicherung der Welternährung …“ Kiel/Molfsee, 1. Mai 1999, 6 S.

CAREFOOT, G.L., und E.R. SPROTT (1969): Feinde unserer Ernährung. Englisch: Famine on the Wind (1967), Deutsch von H.H. Cramer. Düsseldorf, 275 S.

CRAMER, F. (1988): Chaos und Ordnung. Die komplexe Struktur des Lebendigen. DVA Stuttgart, 320 S.

CRAMER, H.H. (1962): Natürliche und künstliche Abundanzänderungen bei Kieferninsekten – Ein Beitrag zur Frage der Biozönosestörungen in der Forstwirtschaft. Habilitationsschrift Freiburg/Br. 119 S.

CRAMER, H.H. (1967): Pflanzenschutz und Welternte. Pflanzenschutz-Nachr. Bayer 20/1967, 523 S. (auch Englisch, Französisch, Spanisch).

CRAMER, H.H. (1976): Ökonomisch-ökologische Wechselwirkungen. In: Chemie der Pflanzenschutz- und Schädlingsbekämpfungsmittel, Bd. 3. Hrsg. R. Wegler, Berlin, Heidelberg, S. 39–55

CRAMER, H.H. (1985): Waldschäden in Geschichte und Kunstgeschichte. Bonner Universitätsblätter, Bonn, S. 37–45

CRAMER, H.H. (2000): „History." EXPO 2000, Projekt Sicherung der Welternährung: Pflanzenschutz schreibt Weltgeschichte. Kiel/Molfsee, 23 S.

CRAMER, Th. (1990): Geschichte der deutschen Literatur im späten Mittelalter. dtv. München, 444 S.

CURSCHMANN, F. (1900): Hungersnöte im Mittelalter – Ein Beitrag zur Wirtschaftsgeschichte des 8. bis 13. Jahrhunderts. Diss. Leipzig, 33 S.

GÄUMANN, E. (1951): Pflanzliche Infektionslehre, Basel, 681 S.

GUTBERLET, B.I. (2006): Die 50 populärsten Irrtümer der deutschen Geschichte. Bergisch-Gladbach, 236 S.

HAUG, G., und H.H. CRAMER (1990): in: G. Haug, G. Schuhmann, G. Fischbeck: Pflanzenproduktion im Wandel: Weinheim 609 S. Hier: Einleitung, S. 1–11.

HERRMANN, B. (Hrsg.) (1986): Mensch und Umwelt im Mittelalter. Frankfurt a. Main, 288 S.

HOBHOUSE, H. (1987): Fünf Pflanzen verändern die Welt. Stuttgart, 341 S.

KISSINGER, H.A. (1984): Memoiren 1973–1974, Teil 2, München, S. 607–1268.

KÖRBER-GROHNE, U. (1995): Nutzpflanzen in Deutschland von der Vorgeschichte bis heute. Hamburg, 490 S.

KOLBE, W. (1986): 200 Jahre Pflanzenschutz im Zuckerrübenbau, 2. Aufl., Bonn, 104 S.

LARGE, E.C. (1946): The advance of the fungi. London, S. 34–43

LEHMANN, E. (1951): Seuchenzüge im Pflanzenreich. Orionbücher, Murnau vor München, 74 S.

LOFTIN, U.C. (1946): Living with the boll weevil for fifty years. Ann. Rep. of the Board of Regents of the Smithonian Institution 1945, Washington, S. 273 ff.

MAYER, K. (1959): 4500 Jahre Pflanzenschutz. Stuttgart, 45 S.

NETTELBECK, J.(1821): Lebensbeschreibung des Seefahrers, Patrioten und Sklavenhändlers Joachim Nettelbeck. Von ihm selbst aufgezeichnet. Neu herausgegeben von J.C.L. Haken, Nördlingen 1987. In: Die andere Bibliothek, Hrsg. Hans Magnus Enzensberger 383 S.

OERKE, E.C., H.W. DEHNE, F. SCHOENBECK, und A. WEBER (1994): Crop Production and Crop Protection – Estimated losses in major food and cash crops. Amsterdam, Lausanne, New York, Oxford, Shannon, Tokyo, 808 S.

ORDISH, G. (1952): Untaken harvest. London, 171 S.

ORLOB, G.B. (1973): Frühe und mittelalterliche Pflanzenpathologie. Pflanzenschutz-Nachr. Bayer 26/1973, 2, S. 69–314

PRAUSE, G. (1991): Niemand hat Kolumbus ausgelacht – Fälschungen und Legenden der Geschichte richtiggestellt. dtv Geschichte, München, 351 S.

PSCHYREMBEL,-. (2002): Klinisches Wörterbuch. 259. Aufl. Berlin, New York, 1842 S.

RADKAU, J. (2002): Natur und Macht. München, 469 S.

SOMBART, W. (1927): Der moderne Kapitalismus; hier: dtv München, 1987, Bd II, S. 1137-1155

THE AMERICAN PEOPLES ENCYCLOPEDIA (1970), 20 Bände, New York.

TIETMEYER, H. (1999): Ein genereller Schuldenerlass für die ärmsten Entwicklungsländer? Einige Überlegungen aus ökonomischer und ethischer Sicht. Kirche und Gesellschaft Nr. 256. Hrsg: Kath. Sozialwiss. Zentralstelle Mönchen-Gladbach. Köln, 16 S.

Verzeichnis der Abbildungen